STADTWILD

STADTWILD

Von Amsel bis
Zauneidechse

99 Tiere,
die man in der Stadt
entdecken kann

BOOKS

Für meine geliebte Frau Mignon, die es aushält,
mit mir stundenlang Tiere zu beobachten.

Stadtwild

Von Amsel bis Zauneidechse

99 Tiere, die man in der Stadt entdecken kann

Die Amsel
22

Der Europäische Biber
26

Inhalt

Die Blaumeise
28

Das Blesshuhn
32

Der Buchsbaumzünsler
38

Der Braunbrustigel

36

Die Buchstaben-Schmuckschildkröte

40

Das Eichhörnchen

52

Der Eisvogel

54

Der Fischotter

64

Der Gelbbrandkäfer

70

Der Goldfisch

72

Die Europäische Gottesanbieterin

74

Der Graureiher

76

Der Hirschkäfer

92

Die Blaugrüne Mosaikjungfer

128

Der Nashornkäfer

132

Das Reh

140

Der Goldglänzende Rosenkäfer

146

Der Rotfuchs

148

Die Schleiereule

152

Die Gemeine Stechmücke

160

Die Stockente

164

Der Sumpfkrebs

168

Der Teichfrosch

174

Der Turmfalke

178

Der Waschbär

184

Der Gemeine Wasserläufer

186

Der Europäische Wels

196

Das Wildschwein

204

Die Zauneidechse

208

Die Zebraspringspinne

210

Der Zitronenfalter

212

Die Große Zitterspinne

214

Die Zwergfledermaus

216

Einladung, Entdecker zu werden

»Es ist eine menschliche Universalie, dass wir uns nahezu instinktiv für die Dinge der Natur und für Tiere interessieren. Wer das bezweifelt, soll sich ansehen, wie Kinder orientiert sind. In allen Kulturen interessieren sie sich am meisten für Tiere«, sagte der österreichische Biologe, Verhaltensforscher und Autor Kurt Kotrschal 2014 in einem Interview.

Auch ich war einst ein solches Kind, das stundenlang Tiere mit unverwandtem Staunen betrachtet hat. Je älter ich wurde und je mehr ich um die Zusammenhänge und Besonderheiten dieser Lebewesen wusste, desto mehr steigerten sich meine Ehrfurcht und meine Bewunderung. Obgleich schon unzählige Male gesehen, bleibt mir noch heute der Mund offen stehen, wenn ich eine Kreuzspinne beim Netzbau sehe oder Zeuge der blitzschnellen Fangbewegung einer Gottesanbeterin werde.

Erwachsene Großstädter leiden unter ständiger Zeitknappheit. Die digitalen Technologien haben unser Leben spürbar beschleunigt, Geschwindigkeit ist heute Trumpf. Umso wichtiger sind analoge Zeitinseln. Im Meer der digitalen Reizüberflutung helfen sie uns durchzuatmen, zu uns zu finden und wieder gestärkt in den Alltag zurückzukehren. Die grundsätzliche Neugier auf Tiere ist glücklicherweise in nahezu allen Menschen angelegt, sie ist quasi Teil unseres Betriebssystems!

An genau diese zeitknappen, aber doch naturinteressierten Stadtmenschen richtet sich das vorliegende Büchlein. Nehmen Sie sich ein wenig Zeit, und gehen Sie damit auf Expedition vor die Haustüre. Ihre tierischen Mitbewohner warten nur darauf, von Ihnen entdeckt zu werden! Nicht im fernen Afrika oder Australien, sondern direkt in Ihrer Umgebung. Die Stadttiere sind weitgehend an uns Menschen gewöhnt, ihre Fluchtdistanz ist deshalb nicht sehr groß.

Schon jetzt wünsche ich Ihnen bei Ihren Entdeckungen viel Vergnügen,

herzlichst, Ihr
Nicolas Bogislav von Lettow-Vorbeck

11 Tipps

für urbane Naturentdecker

Nehmen Sie sich immer eine Kleinigkeit zu essen und zu trinken mit!

Man kann nie wissen, wie lang eine urbane Expedition am Ende dauert. Da das Ganze in erster Linie Freude bereiten soll, schadet ein wenig Proviant nie.

Fixieren Sie sich nicht auf eine Tierart!

Natürlich ist es ein großartiges Erlebnis, zum ersten Mal im Leben ein städtisches Wildschwein zu erspähen. Trotzdem sollte man niemals vergessen, dass jedes kleine und große Tier auf seine ganz eigene Weise interessant und wunderbar ist. Ich habe bei meinen Streifzügen eigentlich nie die Tiere gefunden, die ich gesucht habe – und das hat meinen Horizont ganz ungemein erweitert.

Suchen Sie auch an den unmöglichsten Orten!

Natürlich würden wir spannende Tiere instinktiv in städtischen Wäldern oder Parks vermuten. Doch auch an scheinbar naturfernen Orten wie verlassenen Industrieanlagen kreucht und fleucht es. Tiere sind meist sehr flexibel in der Besiedlung neuer Lebensräume, also zeigen auch Sie Flexibilität bei der Suche nach ihnen!

Seien Sie im Alltag aufmerksam!

Es müssen nicht immer ausgedehnte stundenlange Wanderungen durch einsame Naturschutzgebiete sein. Auch in der Mittagspause oder beim Warten auf den Bus kann man wunderbare, schnelle Naturbeobachtungen machen.

5.

Fotografieren Sie nicht zu viel!

Natürlich ist es fabelhaft, seine Beobachtungserfolge auf Facebook und Konsorten mit Freunden zu teilen. Trotzdem sollten Sie die Tiere in erster Linie mit Ihren eigenen Augen und nicht auf einem kleinen Bildschirm betrachten. Zudem geben Fotos oder Videos die wahre Schönheit einer Naturbegegnung oft nur sehr unvollständig wieder.

6.

Kommen Sie mit anderen ins Gespräch!

Oft trifft man in der Großstadtnatur auf Menschen, die ganz offensichtlich ebenfalls eine Passion für Tiere haben. Scheuen Sie sich nicht diese anzusprechen. Die fantastischen Tipps anderer Naturfreunde haben mir unzählige spektakuläre Beobachtungen ermöglicht – allein hätte ich das niemals geschafft!

7.

Fassen Sie die Tiere lieber nicht an!

Auch wenn es in unserer Natur liegt: Die meisten Tiere haben kein Bedürfnis, von uns angefasst oder gar gestreichelt zu werden.

8.

Halten Sie Abstand!

Ähnlich wie wir Menschen, schätzt es kein Tier, wenn man ihm zu nah auf die Pelle rückt. Genießen Sie Ihre Beobachtung lieber mit gebührendem Abstand, statt das Tier unnötig zu verscheuchen.

9.

Kontaktieren Sie im Zweifel Experten!

Viele wichtige Naturentdeckungen wurden durch interessierte Laien gemacht. Falls Sie ein Tier nicht identifizieren können oder es Ihnen irgendwie seltsam vorkommt, sollten Sie unbedingt Fotos machen und eine lokale Naturschutzorganisation kontaktieren. Die Experten vom NABU und dem BUND haben auch mir schon unzählige Male freundlich und kompetent weitergeholfen.

10.

Zeigen Sie bitte Respekt!

Bitte respektieren Sie die Grenzen von Naturschutzgebieten und bleiben Sie auf den gekennzeichneten Wegen. Seltene Arten haben nur Chancen auf eine Zukunft, wenn wir ihnen ungestörte Rückzugsorte zugestehen.

11.

Lesen Sie nach!

Am Ende einer Beobachtung hat man oft viele Fragen, denn das Verhalten eines Tieres erschließt sich niemals nur durch bloßes Anschauen. Dieses Büchlein möchte die wichtigsten Fakten kurz und hoffentlich unterhaltsam darlegen. Für tiefer gehende Informationen empfiehlt sich die Anschaffung eines Tierlexikons.

Die Aaskrähe

Knackt selbst die härteste Nuss

Wissenschaftlich	Häufigkeit	Lieblingsort
Corvus corone	🐰🐰🐰🐰🐰	Parks

Die grau-schwarze Nebelkrähe und die vollständig schwarze Rabenkrähe sind eine gemeinsame Art, die als Aaskrähe bezeichnet wird. Erst dank jüngerer DNA-Analysen ist bekannt, dass keine genetische Trennung zwischen Raben- und Nebelkrähe besteht. Rabenkrähen kommen vor allem in West- und Südwesteuropa vor, Nebelkrähen entdeckt man in Deutschland östlich der Elbe. Typisch für die Aaskrähe ist ihr gradliniger Flug mit langsamem, regelmäßigem Flügelschlag. Nicht nur Getreidesamen und Wirbellose, sondern auch kleine Wirbeltiere, Aas und Vogeleier werden verspeist. Ist in Parks der Inhalt von Mülleimern morgens weit verteilt, so waren oft Aaskrähen am Werk. Akribisch durchstöbern sie Behälter nach Lebensmitteln. Außerhalb der Brutzeit leben die Tiere in großen Schwärmen mit strenger Hierarchie.

Die Tiere knacken hartschalige Nüsse, indem sie diese aus der Luft auf harte Oberflächen fallen lassen. City-Krähen machen es sich noch einfacher: Sie legen die Nüsse bei roter Ampel auf die Straße, warten, bis die Autos rübergefahren sind, um sich ihren Leckerbissen bei der nächsten Rotphase mundgerecht zubereitet wieder abzuholen. In Skandinavien wurde gar beobachtet, wie Krähen an unbeaufsichtigten Angelleinen ziehen, um sich die daran hängenden Fische zu schnappen.

Im Jahr 2015 verbreiteten Aaskrähen in Hamburg Angst und Schrecken bei unbescholtenen Bürgern: Im Ortsteil Harvestehude flogen die Vögel im Sturzflug auf Passanten nieder und attackierten diese mit Schnäbeln und Krallen. Ein Ornithologe fand heraus, dass sich die Krähenopfer unwissentlich einem Jungvogel genähert hatten. Das kleine Tier war aus dem Nest gefallen und harrte im Gras aus. Wenn es gilt, die lieben Kleinen zu retten, sind Echt- oder Scheinangriffe bei Kräheneltern keine Seltenheit.

gesichtet am:

Die Amsel

Energiesparmeister und versierter Klingeltonimitator

Wissenschaftlich	Häufigkeit	Lieblingsort
Turdus merula	🐇🐇🐇🐇🐇	Wiesen

Die Amsel ist hierzulande einer der häufigsten Brutvögel und an vielen städtischen Orten wie Gärten, Parks oder Friedhöfen anzutreffen. Der Vogel im schwarzen Ganzkörper-Outfit hält sich überwiegend am Boden auf, wo er unter Laub und auf Rasenflächen nach Fressbarem sucht. Charakteristisch ist dabei folgender Bewegungsablauf: Erst werden hastig Blätter umgedreht, dann hüpft die Amsel ein wenig weiter, hält inne, lauscht mit schräg gelegtem Kopf, um dann blitzschnell mit dem Schnabel zuzustoßen. Ihr Lieblingssnack sind Regenwürmer – beim Verzehr sollte man sie lieber nicht stören, oder sie reagiert mit lautem Gezeter.

Die musikalischen Darbietungen der Amsel klingen ansonsten eingängig und gefällig in unseren Ohren, weshalb Amseln in früheren Jahrhunderten gern als Stubenvögel gehalten wurden. Ihr Talent ist zum Teil angeboren, zusätzliche Gesangselemente werden vom Vater oder anderen Männchen übernommen.

Doch welcher Künstler war jemals frei von Plagiatsvorwürfen? Die Amsel pfeift sprichwörtlich auf Konventionen und bedient sich auch aus dem Lautrepertoire unserer Zivilisation. Egal ob Sirenensignale oder Handyklingeltöne – alles wird aufgegriffen oder ganz neu arrangiert.

Im Frühjahr werden die Nester in sicheren Höhen von etwa zwei Metern errichtet. Architektin ist einzig das Weibchen, die aufwendige Konstruktion nimmt bis zu fünf Tage in Anspruch. Das Nest besteht aus drei Zwischenstufen – Nestbasis, Lehmschicht und Polsterung. Die Amseln setzen also auf modernste Wärmedämmung!

Im Mai 2017 stoppte im bayerischen Germering eine einzelne Amsel den Morgenverkehr auf der Bundesstraße 2. Der Vogel schafft es einfach nicht, sich von einem der viel befahrenen Fahrstreifen in die Lüfte zu erheben. Eine Streife zeigte Herz und stoppte beherzt den Verkehr. Fürsorglich nahmen die Polizisten das Tier in Gewahrsam und päppelten es wieder auf.

gesichtet am:

Die Bettwanze

Blutlüsterner Bettgenosse

Wissenschaftlich	Häufigkeit	Lieblingsort
Cimex lectularius	🐰🐰🐰🐰🐰	Betten

Zum Glück sind Bettwanzen hierzulande aufgrund guter Hygienestandards kaum mehr verbreitet, doch durch Urlaubsreisen oder Antiquitäten können wir uns die Plagegeister trotzdem einfangen. Ein Schädlingsbekämpfer schätzt, dass es 2016 allein in Berlin etwa fünftausend Bettwanzen-Einsätze gab – rund zwei Drittel in Hotels und Hostels.

Knapp neun Millimeter beträgt ihre Körperlänge, charakteristisch sind die sechs Beine, die flache Körperform und die rotbraune Färbung. Wie der Name sagt, bewohnen die Wanzen mit Vorliebe Betten und Matratzen. Aber auch in Ritzen, hinter Tapeten, Fußleisten oder Lichtschaltern fühlen sie sich wohl.

Der Geruch, die Wärme und der Atem von uns Menschen locken die Tiere an, sie ernähren sich ausschließlich von Blut. Die Insekten stechen ihren Rüssel häufig mehrmals ein, bis sie ein passendes Blutgefäß gefunden haben. So entsteht die typische Wanzenstraße – in einer Reihe angeordnete rote Stellen. Da die Fieslinge nachtaktiv sind, werden sie oft erst zu spät bemerkt.

Blutspuren auf dem Bettbezug, ein süßlicher Geruch, tote Wanzen oder kleine schwarze Punkte (Kot) künden von ihrer Präsenz. Bisher konnte den Tieren nicht mit Sicherheit nachgewiesen werden, dass sie Krankheiten übertragen, dennoch sollten Wanzenbisse mit rezeptfreien Salben oder Medikamenten behandelt werden.

Entdeckt man die Biester im eigenen Heim, führt übrigens kein Weg am Kammerjäger vorbei. Selbst wenn Sie mit bloßem Auge keine Tiere mehr finden, können sich überall noch die winzigen Eier verstecken, denn an einem Tag legt ein Weibchen bis zu zwölf neue Eier!

Im Juni 2017 missbrauchte ein Mann im US-Bundesstaat Maine die Parasiten für einen Racheakt. Als ein Rathausbeamter ihm – wahrscheinlich bei einem Bettwanzenproblem – nicht weiterhelfen wollte, entließ der Mann einen Becher voller Bettwanzen in die Freiheit. Das Rathaus musste daraufhin evakuiert werden.

gesichtet am:

Der Europäische Biber

Versierter Baumeister mit blutroten Nagezähnen

Wissenschaftlich	Häufigkeit	Lieblingsort
Castor fiber		Biberburgen

Noch in den Sechzigern galt der Europäische Biber bei uns als nahezu ausgestorben, heute leben wieder über dreißigtausend Tiere in Deutschland. Mit einer Kopf-Rumpf-Länge von maximal gut einem Meter ist der Biber das größte Nagetier Europas. Die Vorderseite der Zähne ist mit Eisen verstärkt, oftmals sind sie deshalb orangerot gefärbt. Biber sind reine Vegetarier, gefressen werden Baumtriebe sowie eine Vielzahl von Wasser- und Uferpflanzen. Das einprägsamste Merkmal des gedrungenen Tiers ist der halbkörperlange Schwanz, genannt Kelle.

Der Biber fällt am liebsten kleinere Bäume, da diese sich einfach aus dem Bestand herausziehen lassen. Emsig entfernt der Biber die Äste, zerlegt sie und transportiert sie zum Bau – wo sie entweder als Nahrungsvorrat oder Baumaterial dienen. Seine Biberburgen konstruiert das Tier an Böschungen von städtischen Gewässern. Stets gibt es mehrere Eingangsröhren, die unter der Wasseroberfläche liegen. Sie münden in den über dem Wasser liegenden Wohnkessel, dem Treffpunkt von Familie Biber.

Werden Boden oder Decke zu dünn, schichtet das Nagetier einfach neue Äste, Steine oder Schlamm auf. Wie ein Burger wächst das Biberdomizil so bis zu zwei Meter in die Höhe. Mit Dämmen staut der Biber das Wasser, um die Eingänge zu seinem Heim unter der Wasseroberfläche zu halten, außerdem kann er so das Holz leichter transportieren. Mitunter gräbt er zu diesem Zweck sogar eigene Kanäle, die bis zu fünfhundert Meter lang sein können.

Aufgrund dieser regen Bautätigkeit kommt es immer wieder zu Konflikten mit dem Menschen. Tatsächlich verursachen Biber mitunter Schäden: Sie fällen Bäume, überfluten Felder, mopsen Feldfrüchte oder untergraben Deiche. Größer ist aber ihr Nutzen, denn ihre Dämme beugen Überschwemmungen vor und halten Wasser in der Landschaft.

gesichtet am:

Die Blaumeise
Hyperaktiver Kurzschnabel

Wissenschaftlich

Cyanistes caeruleus

Häufigkeit

Lieblingsort

Parks

Die Familie der Meisen umfasst 51 Arten, die in der nördlichen Hemisphäre und in Afrika vorkommen. Als einziger Vogel Europas mit blau-gelbem Gefieder ist die Blaumeise einfach zu erkennen. Naturfreunde finden die Tiere in Parks, Gärten oder auf Friedhöfen. Die Beobachtung der kleinen, rundlichen Vögel macht allein schon wegen deren Agilität einen Riesenspaß. Sie können einfach nicht still sitzen und lassen sich selbst an den dünnsten Zweigen kopfüber hängen.

Als Allesfresser verputzen die Blaumeisen neben Insekten und Spinnen auch pflanzliche Kost. Die Füße setzt der Piepmatz gern als Werkzeug ein, und mit dem kurzen Schnabel werden Leckerbissen aus Spalten gehämmert oder geschickt hervorgeholt. In den 1940er-Jahren sorgten Blaumeisen auf den Britischen Inseln für Aufsehen: Sie hatten gelernt, mit dem Schnabel die Foliendeckel von Milchflaschen aufzupicken, die der Milchmann morgens vor die Haustür gestellt hatte.

Als Höhlenbrüter sind Blaumeisen auf alte Bäume im Stadtgebiet angewiesen. Da diese aber immer seltener werden, freuen sich die Vögel besonders über Nistkästen. Mitunter brüten die Tiere an den ungewöhnlichsten Stellen, ihre Nester wurden bereits in Teekesseln, Briefkästen und Mauerspalten entdeckt. Nach dem Schlüpfen bleiben die Jungvögel zwei bis drei Wochen im Nest und werden aufopferungsvoll von beiden Elternteilen gefüttert.

Der Sperber ist der größte Feind aller ausgewachsenen Blaumeisen. Glücklicherweise ist ihr Warnruf für diesen aufgrund der hohen Frequenz kaum hörbar, weshalb die Blaumeisen nur schwer lokalisiert werden können.

Im August 2011 erlag eine Blaumeise im britischen Somerset einem wesentlich exotischeren Fressfeind. Das Tier hatte versucht, Insekten aus einer fleischfressenden Kannenpflanze zu holen, wurde dabei im Gewächs eingeklemmt und verendete schließlich.

gesichtet am:

Die Blattläuse

Heimtückische Pflanzenvampire

Wissenschaftlich	Häufigkeit	Lieblingsort
Aphidoidea	🐇🐇🐇🐇🐇	Rosenbeete

Rund 850 Blattlausarten existieren in Mitteleuropa. Jeder Stadtmensch, der Pflanzen anbaut, hat bereits mit der Überfamilie der *Aphidoidea* und ihren Fressgewohnheiten Bekanntschaft gemacht. Schamlos stechen sie unsere grünen Schützlinge an und saugen den zuckerhaltigen Pflanzensaft aus ihnen heraus. Zurück bleiben verkrüppelte oder zusammengerollte Blätter und abgefallene Knospen.

Als wäre dies nicht schlimm genug, vermehren sich die Pflanzenvampire auch noch rasend schnell: Dank Jungfernzeugung (*Parthenogenese*) wächst – unter idealen Bedingungen – schon innerhalb einer Woche eine neue Generation heran! *Parthenogenese* ist eine Form der eingeschlechtlichen Fortpflanzung, bei welcher der Nachwuchs aus unbefruchteten Eiern entsteht.

Obwohl beim Pflanzenfreund verhasst, sind Blattläuse ein wichtiges Glied in der Nahrungskette und stellen für unzählige Vogel- und Insektenarten eine unverzichtbare Nahrungsquelle dar. Die gute Nachricht: Starken Pflanzen können die Blattläuse wenig anhaben. Daher gilt es, regelmäßig zu düngen und auf die richtige Sonnendosis, also den optimalen Standort, zu achten.

Blattläuse sind auf die Aminosäuren im Pflanzensaft angewiesen, können aber nicht so viele Kohlenhydrate aufnehmen. Deshalb scheiden sie Honigtau aus, der wiederum bei Ameisen heiß begehrt ist. Sie halten sich regelrechte Blattlausfarmen und melken die Tierchen regelmäßig!

Falls sich doch mal Blattläuse in den eigenen Garten oder auf den Balkon verirren, können sie bei kleineren Mengen per Hand abgesammelt werden. Wem das zu mühsam ist, der kann die Plagegeister mit einem Wasserstrahl abspritzen. Auch Artenvielfalt wirkt Wunder gegen Blattläuse: Florfliegenlarven, Marienkäfer und Raubwanzen haben die Plagegeister zum Fressen gern. Chemische Lösungen sind hingegen problematisch, da mit dieser brachialen Strategie auch Nützlinge mit ins Verderben gerissen werden.

gesichtet am:

Das Blesshuhn

Schwarz-weißer Paddelexperte

Wissenschaftlich	Häufigkeit	Lieblingsort
Fulica atra		Parkteiche

Dieses entenartig schwimmende Tier gehört zur Familie der Rallen und ist ein weitverbreiteter Wasservogel. Elf Blesshuhnarten leben aktuell auf unserem Planeten – acht davon nur im fernen Südamerika. Der schwarze Kopf wird dominiert von einem weißen Schnabel und einem ebenfalls weißen Stirnschild – der namensgebenden Blesse.

Städter begegnen dem Blesshuhn häufig, denn es ist bei seinem Lebensraum nicht wählerisch. Tümpel, Seen oder fließende Gewässer werden gleichermaßen geschätzt, solange sie nährstoffreich sind, und selbst kleine Habitate werden begeistert besiedelt.

So erkor im Frühling 2011 ein Blesshuhnpaar in Rheinberg (Nordrhein-Westfalen) die Düse einer Springbrunnenfontäne als Nistplatz aus. Obwohl Blesshühner in ganz Europa als nicht gefährdet gelten, reagierten die Verantwortlichen der Stadt tierfreundlich: Erst nachdem die Jungen geschlüpft waren, wurde die Fontäne wieder in Betrieb genommen.

Der Speiseplan der Allesfresser variiert je nach Region und Jahreszeit stark. Der Vogel schätzt frische und faulende Pflanzenteile, aber auch kleine Fische, Insekten, Schnecken oder Entenfutter – sogar Abfall verschmäht er nicht. Kräftige Beine helfen dem Blesshuhn beim Schwimmen. Markant sind die breiten, eingekerbten Schwimmlappen an den Zehen. Diese hinterlassen einen einzigartigen Abdruck auf weichen Böden und funktionieren wie ein Paddel.

Die Jungtiere haben einen rot-blauen Kopf und sehen mit ihrem gelbbraunen Kragen ziemlich punkig aus. Fünf bis zehn Eier befinden sich im Nest, Herr und Frau Blesshuhn brüten sie gemeinsam aus – ganz gleichberechtigt. Bemerkenswert: Die frisch geschlüpften Blesshühner sind Nestflüchter; bereits nach drei Tagen verlassen sie ihre kuschelige Kinderstube und folgen den Eltern. Mutig verteidigen diese ihre Brut selbst gegen deutlich größere Feinde wie etwa Schwäne.

gesichtet am:

Die Blindschleiche

Falsche Schlange mit hohem Nutzwert

Wissenschaftlich	Häufigkeit	Lieblingsort
Anguis fragilis		Brachen

Aufgrund ihres langen, beinlosen Körpers könnte man die Blindschleiche auf den ersten Blick glatt als Schlange identifizieren, doch in Wirklichkeit zählt das bis zu fünfzig Zentimeter große Tier zu den Echsen. Im Gegensatz zu Schlangen haben Blindschleichen bewegliche und verschließbare Augenlider. Außerdem müssen sie zum Züngeln das Maul leicht öffnen, ihnen fehlt die schlangentypische Lücke in der Oberlippe.

Die Ahnen dieser Pseudo-Schlange gingen auf vier Beinen. Rudimentär vorhandene Becken- und Schulterknochen an der Wirbelsäule künden noch von diesen Zeiten. Blindschleichen sind nicht selten und kriechen durch die unterschiedlichsten Lebensräume. Entdeckerempfehlung: Rund um Parks, Brachen, Gärten, Streuobstwiesen und Wäldchen nach dem Reptil Ausschau halten! Gute Sichtungschancen bestehen in der Morgen- und Abenddämmerung.

Gartenbesitzer sollten sich über den Besuch dieser Echsen freuen, denn sie fressen sehr gern Nacktschnecken und Raupen. Mit den nach hinten gekrümmten Zähnen wird das Opfer gepackt und im Ganzen verschlungen, was bis zu dreißig Minuten dauern kann. Blindschleichen können zwar nicht sonderlich gut sehen, sind aber keinesfalls blind! Der Name leitet sich vom althochdeutschen Wort *Plintslicho* für »blendender Schleicher« ab, er verweist auf den bleiähnlichen Glanz des Körpers.

Obwohl die Blindschleiche für den Menschen harmlos ist, sollte man sie nicht berühren. Bei Gefahr kann sie nämlich ihren Schwanz abwerfen; dieser wächst nicht nach, stattdessen bildet sich ein kurzer, halbkugeliger Stumpf.

Den Winter verbringen die Reptilien in frostgeschützten Erdlöchern, mitunter kuscheln sich dort mehrere Dutzend aneinander. Die Blindschleiche ist äußerst langlebig, Exemplare in Gefangenschaft erreichten schon Lebensalter von über fünfzig Jahren. Leider wird das friedliche Tier oft in blinder Panik erschlagen.

gesichtet am:

9

Der Braunbrustigel

Stacheliger Stöhnweltmeister

Wissenschaftlich	Häufigkeit	Lieblingsort
Erinaceus europaeus	🐇🐇🐇🐇🐇	naturnahe Gärten

Bis zu 7.500 Stacheln nennt ein stattlicher Braunbrustigel sein Eigen – ein Fakir hätte seine Freude daran! Eigentlich handelt es sich dabei aber um modifizierte Haare. Der Braunbrustigel ernährt sich vorwiegend von Insekten, allerdings verschmäht er auch kleinere Säugetiere, Vogeleier und Küken nicht. Das Tierchen mag niedlich wirken, ist aber ein überzeugter Fleischfan!

Partygänger und andere Nachtschwärmer haben die besten Chancen auf Begegnungen der stacheligen Art. Igel sind dämmerungs- und nachtaktiv und können beispielsweise in Parks und Gärten gesichtet werden. Bei der Nahrungssuche vertrauen sie vor allem auf ihren Geruchssinn. Raschelnd und mit leisen Schnauf- und Niesgeräuschen bewegen sie sich unüberhörbar durch das Unterholz.

Wie seltsam diese Lautäußerungen auf uns Menschen wirken können, bewies im August 2013 ein Mann im niedersächsischen Tostedt. Kurz vor Mitternacht wählte er die 110, weil er aus seinem Vorgarten verdächtige Stöhngeräusche vernahm. Die Beamten fanden tatsächlich ein sextolles Paar: Herrn und Frau Igel!

Während ihrer nächtlichen Spaziergänge reißen Männchen etwa zwei bis drei Kilometer ab, Weibchen wandern etwas weniger weit. Der Tag wird meist verschlafen. Igel sind Einzelgänger und sehr ortstreu. Als echte Winterschläfer verbringen die Braunbrustigel fünf bis sechs Monate im kuscheligen Nest und verlieren während dieser Zeit zwischen 17 und 26 Prozent ihres Körpergewichts.

Um während des Schlummerns Energie einzusparen, senken sie ihre Körpertemperatur von 36 auf bis zu acht Grad, das Igelherz schlägt dann nur noch fünf Mal pro Minute. Dank eines komplexen Muskelzusammenspiels kann sich das Nadeltier bei Gefahr zu einer Kugel zusammenrollen. Gegen den Straßenverkehr schützt das freilich nicht, jedes Jahr kommen unzählige Igel in Deutschland unter die Räder.

gesichtet am:

10

Der Buchsbaumzünsler

Asiatischer Buchsbaumfan mit Mordsappetit

Wissenschaftlich	Häufigkeit	Lieblingsort
Cydalima perspectalis	🐰🐰🐰🐰🐰	Buchsbäume

Unscheinbar kommt der weiße Buchsbaumzünsler daher, der aus Ostasien stammt und durch den Handel mit exotischen Pflanzen in unsere Breiten gelangte. Der schlichte Falter mit der braunen Umrandung lebt nur wenige Tage, es sind seine Raupen, für die er berühmt-berüchtigt ist: Sie sind bis zu fünf Zentimeter lang und schmeicheln dem Auge mit ihrem farbenfrohen, tropischen Aussehen. In Kokons überwintern sie, geschlüpft wird im Frühjahr. Bis zur Verpuppung durchlaufen sie sechs bis sieben Larvenstadien.

Leider verputzen die Raupen ausschließlich die Blätter des Buchsbaums. Die über siebzig bekannten Gifte dieser Pflanze stören die Tiere nicht im Geringsten bei ihrem Schlemmermahl. Die zähen Räupchen lagern sie sogar ein und werden daher von ihren Fressfeinden gemieden. Sind die Blätter aufgefressen, machen sich die Biester sogar über die grüne Zweigrinde her.

Allein auf dem Parkfriedhof in Essen beschädigte der Zünsler fast neunzig Prozent des Buchsbaumbestands auf circa fünftausend Gräbern. Da Buchsbäume teuer sind, entstand ein Schaden im sechsstelligen Bereich.

Übrig bleiben nach dem Einfall der gefräßigen Raupen nur kahl gefressene Bäume – ein ziemlich trister Anblick. Zur Bekämpfung werden im Handel allerhand Präparate offeriert, doch selbst die Chemiekeule garantiert keine Befreiung von der feindlichen Invasion. Zudem geraten die Gifte in die Nahrungskette, auch andere Insekten und Vögel können daran sterben. Hat irgendwo, gut getarnt, ein Exemplar überlebt, folgt alsbald die nächste Attacke.

Experten raten zum Absammeln oder zu umweltschonenden Präparaten auf Basis von Teebaum- oder Neemöl. Die gute Nachricht: Langsam scheinen unsere heimischen Vögel doch kulinarisches Interesse an den Giftraupen zu entwickeln.

Spatzen und andere Vögel wurden schon beim Verfüttern der Plagegeister an ihre Brut beobachtet!

gesichtet am:

11

Die Nordamerikanische Buchstaben-Schmuckschildkröte

Sonnenhungriges Ex-Haustier

Wissenschaftlich	Häufigkeit	Lieblingsort
Trachemys scripta	🐢🐢🐢🐢🐢	Parkteiche

Zwischen 400.000 und 850.000 Reptilien werden jährlich nach Deutschland eingeführt. Wenn die Exoten nicht mehr gefallen, landen sie oft einfach in der Natur. Dieses traurige Schicksal erleidet häufig die Gelbwangen-Schmuckschildkröte – eine Unterart der Nordamerikanischen Buchstaben-Schmuckschildkröte –, die bei deutschen Haltern sehr beliebt ist. Ihre Heimat sind die Gewässer zwischen Südostvirginia und Nordflorida. Schon für zwanzig bis dreißig Euro kann jeder die hübschen Amis mit nach Hause nehmen. Dumm nur, dass die anfänglichen Winzlinge schnell wachsen und über fünfzig Jahre alt werden können.

2013 sorgte ein gepanzerter Verwandter für Schlagzeilen: In einem bayerischen See wurde einem Buben die Achillessehne durchgebissen. Experten ordneten die Bissspuren einer Schnappschildkröte zu, die von den Medien den Namen »Lotti« erhielt. Trotz intensiver Bemühungen – Elektrozäune, Fallen und Ablassen des Sees – wurde das mysteriöse Geschöpf nie gefunden.

Höhere Sichtungschancen hat, wer in der Sommerzeit urbane Gewässer unter die Lupe nimmt. Hier tummeln sich die harmlosen, wechselwarmen Schmuckschildkröten. Vor allem auf Baumstämmen im Wasser finden sich bei Sonnenschein oft Schildkrötenversammlungen ein. Die Tiere bewegen sich wenig, deshalb sollte man ganz genau hinsehen. Da die Reptilien Längen von bis zu dreißig Zentimetern erreichen, sind sie auch mit bloßem Auge gut zu erspähen.

Die kalten Monate überstehen die Fremdlinge, indem sie sich im Schlamm eingraben. Kommt aber mal ein garstiger Winter, erfrieren die Panzertiere jämmerlich. Fortpflanzen können sich die Schildkröten bei uns wahrscheinlich nicht.

Der Exot ist zudem kein Nahrungskonkurrent für unsere einzige heimische Schildkrötenart, die Europäische Sumpfschildkröte – denn die ist durch Lebensraumverlust nahezu ausgestorben.

gesichtet am:

12

Der Buntspecht

Perfektionist mit Stoßdämpfer

Wissenschaftlich	Häufigkeit	Lieblingsort
Dendrocopos major		morsche Bäume

Der Buntspecht ist der Presslufthammer unter den Vögeln, unermüdlich sitzt er am Baumstamm und hackt auf der Suche nach Insekten heftig in die Borke. Bekommt er da keine Kopfschmerzen? Forscher fanden heraus, dass der Hammervogel über eine ausgeklügelte Kopfanatomie verfügt. Das Gehirn liegt nicht direkt hinter dem Schnabel, sondern oberhalb und ist außerdem von weniger Gehirnflüssigkeit umgeben als etwa unser menschlicher Denkapparat.

Zusätzlich dämpfen kräftige Schnabelmuskeln und biegsame Knochengelenke die Wucht des Aufschlags. Genau wie die Klitschkos spannt der unermüdlich Hämmernde seine Muskeln kurz vor dem Aufprall an, die Lider werden fest geschlossen, damit die Augen nicht aus den Höhlen flutschen.

Stichwort Höhlen: Wie alle Spechtarten brütet auch der Buntspecht in gemütlichen Höhlen. Der tüchtige Zimmermann baut alles selbst, bevorzugt bearbeitet er weiche Holzarten und morsche Bäume. Bei seiner Arbeit erweist er sich als Perfektionist: Immer wieder beginnt er mit Höhlungen, vollendet dann aber nur eine einzige. Während der Balz und zur Revierabgrenzung ertönt sein sogenanntes Trommeln: eine rasende Schlagfolge auf leicht schwingenden Gegenständen wie Ästen.

Leider hat der Hammervogel mittlerweile eine Vorliebe für energiesparende Wärmedämmplatten entwickelt. Feinmaschige Drahtnetze sollen Schutz bieten, sehen aber ziemlich unästhetisch aus. Der Kampf gegen den Fassadenkiller nimmt zuweilen dramatische Ausmaße an: So löste ein Hausbesitzer in Bremen im Oktober 2014 einen SEK-Einsatz aus. Er wollte einen Specht an seinen Hackarbeiten hindern und gab unüberlegt einen Schuss mit seiner Pistole ab, woraufhin seine Nachbarn die Staatsgewalt alarmierten. Glücklicherweise bleiben heute in Parks und Wäldern wieder vermehrt alte und tote Bäume stehen und bieten dem Buntspecht so alternative Betätigungsfelder.

gesichtet am:

13

Der Europäische Dachs

Baudynast mit sozialer Ader

Wissenschaftlich	Häufigkeit	Lieblingsort
Meles meles		Dachsbaue

Knapp einen Meter misst er vom Kopf bis zur Schwanzspitze – damit ist der Dachs etwa so groß wie ein Fuchs, watschelt jedoch mit weitaus mehr Masse umher. Maximal zwanzig Kilo bringt das Tier auf die Waage, während Füchse nur rund sieben Kilo erreichen.

Hauptsächlich verputzt der Dachs Regenwürmer und ab und zu Insekten. Seine Baue sind größer als die des Fuchses, in etwa fünf Metern Tiefe liegt der Wohnkessel. Meister Grimbart bevorzugt ein behagliches Interieur, statt Billy-Regal setzt er auf Laub, Moos oder Farnkraut.

Die Baue sind Generationenprojekte, teilweise jahrzehntelang in Betrieb, und erreichen unglaubliche Ausmaße. So fanden Forscher in England ein Dachsdomizil mit unfassbaren 178 Eingängen und fünfzig Kammern, die durch ein Tunnelsystem von insgesamt 879 Metern Gesamtlänge miteinander verbunden waren. Oft quartieren sich auch Füchse als Untermieter in den mehrstöckigen Bauen ein und werden von den Dachsen toleriert.

Dachse sind nicht nur sozial veranlagt, sondern auch sehr hygienisch. Für ihre Hinterlassenschaften werden extra kleine Erdlöcher außerhalb des Baus gegraben. Ansonsten sind die Tiere sehr scheu und dämmerungsaktiv; in Städten kann man sie mit viel Glück in Parks oder Wäldchen beobachten.

Wie fast alle Stadttiere schätzen auch Dachse unsere Abfälle. So streifte im April 2012 ein Graubart tagelang durch eine Wohnanlage in Berlin-Charlottenburg. Findig durchwühlte das Tier Lichtschächte, Mülleimer und Gärten. Einige Bewohner trauten sich nicht mehr aus ihren Wohnungen – Gefahr bestand jedoch keine, Dachse greifen nur an, wenn sie sich in die Enge getrieben fühlen.

Im März 2016 sorgte ein Dachs dafür, dass ein Flugzeug der britischen Fluggesellschaft Flybe eine Ehrenrunde drehen musste. In einer Höhe von nur neunzig Metern brach der tierliebe Pilot die Landung ab, da er auf der Piste des Flughafens Newquay einen Dachs erspäht hatte.

gesichtet am:

14

Der Eichelhäher

Unmelodischer Waldpolizist

Wissenschaftlich	Häufigkeit	Lieblingsort
Garrulus glandarius	🐰🐰🐰🐰🐰	Parks

Wenn im Frühling ein Pflänzchen auf Ihrem Balkon sprießt, dann hatten Sie im Herbst wahrscheinlich Besuch vom Eichelhäher. Das scheue Tier versteckt seine Vorräte mit Vorliebe in Blumenkästen. Laut Expertenschätzung bunkert ein einzelner Vogel dreitausend bis sechstausend Eicheln! Nicht jeder Eichelhäher ist freilich so fleißig, gewieftere Charaktere machen sich lieber gleich über die Depots der Eichhörnchen her.

Das neugierige Geschöpf ist eigentlich ein typischer Waldvogel, der bis Ende des 19. Jahrhunderts durch starke Bejagung mancherorts fast ausgerottet wurde. Bis heute sind seine schönen blau-schwarz-gebänderten Flügelfedern fester Bestandteil eines jeden Trachtenhutes. Im 20. Jahrhundert ging die Bejagung zurück, die Bestände erholten sich, und der Vogel wagte sich bis in unsere Städte vor, wo er vor allem in Parks und auf Friedhöfen anzutreffen ist.

Bevor man den Eichelhäher sieht, ertönt meist sein heiserer, ratschender Alarmruf, mit dem er andere Tiere vor Feinden warnt. Wie das Martinshorn hört sich auch der Ruf des sogenannten Waldpolizisten nicht sehr melodisch an, obwohl er zu den Singvögeln gehört.

Wie Name und Verhalten vermuten lassen, ernährt sich der Vogel in der kalten Jahreszeit von Eicheln – bis zu zehn auf einmal kann er im Kehlsack transportieren. Aber auch für Nüsse und Samen hat er eine Vorliebe, sie werden mit dem kräftigen Schnabel lässig geknackt.

Im Sommer kann man ihn häufig in Kleingartenkolonien entdecken, da dann Früchte auf seinem Speisezettel stehen. Wenn sich die Gelegenheit bietet, macht er sich auch über kleine Säugetiere, Jungvögel oder Aas her. Als überzeugter Gourmet frisst er allerdings beileibe nicht alles, der Geschmack der Beute wird vorher sorgfältig mit der Zunge geprüft. Beispielsweise Amphibien oder behaarte Insekten kommen diesem geflügelten Feinschmecker nicht auf den Tisch.

gesichtet am:

15

Der Große Eichenbock

Seltener Riesenkäfer mit speziellen Bedürfnissen

Wissenschaftlich	Häufigkeit	Lieblingsort
Cerambyx cerdo	🐰 🐰 🐰 🐰 🐰	alte Eichen

Maximal fünf Zentimeter misst das schwarzbraune Kerbtier, die imposanten Fühler der Männchen werden mitunter gar doppelt so lang. Der Große Eichenbock ist einer der größten Käfer Europas.

Wie der Name vermuten lässt, hat das Geschöpf eine innige Beziehung zu Eichen, die schon achtzig bis 150 Jährchen auf dem Buckel haben müssen – eine ziemlich ausgefallene Präferenz für die heutige Zeit, denn alte oder absterbende Eichen bleiben in Städten selten stehen.

Nach dem Schlupf fressen sich die Larven in die Wachstumsschicht des Baums, im zweiten Jahr folgen die äußeren Holzschichten, ab dem dritten Jahr geht es dann ins Kernholz. Mindestens drei Jahre wohnen die Tiere im Hotel Zur alten Eiche. Die erwachsenen Tiere halten sich fast nur an ihrem Geburtsbaum auf. Tagsüber verstecken sich die Insekten unter der losen Rinde, in warmen Sommernächten zwischen zwanzig und zweiundzwanzig Uhr bestehen die besten Sichtungschancen. In dieser Zeit kann man den Eichenbock auch bei seinen kurzen Flügen beobachten.

In seiner Käferform existiert das Rieseninsekt nur etwa zwei Monate. Es produziert durch das Aneinanderreiben seiner vorderen zwei Brustsegmente sogar raspelnde, für uns Menschen gut hörbare Geräusche. Um den Eichenbock dauerhaft zu erhalten, müssen die verbliebenen Habitate des Riesenkrabblers geschützt und alte Eichen wieder stehen gelassen werden.

Vorbildlich verhält man sich im niedersächsischen Wendland. Zwei mächtige alte Eichen stehen dort viel zu dicht am Deich. Eigentlich müssten die Riesenbäume dem dringend benötigten Deichneubau weichen. Da in den zwei Bäumen der Große Eichenbock in einer Wohngemeinschaft mit dem Juchtenkäfer logiert, plant der Niedersächsische Landesbetrieb für Wasserwirtschaft, Küsten- und Naturschutz, den raren Insekten eine Spundwand zu spendieren – für rund fünfhunderttausend Euro.

gesichtet am:

16

Der Eichen-Prozessionsspinner

Wuschelviech mit fiesen Nebenwirkungen

Wissenschaftlich	Häufigkeit	Lieblingsort
Thaumetopoea processionea	🐰🐰🐰🐰🐰	Eichen

Der Eichen-Prozessionsspinner ist ein unscheinbarer Nachtfalter, der ohne seine gefürchteten Raupen wenig bekannt wäre. Das Unheil beginnt mit Gelegen, die meist auf Zweigen im Kronenbereich älterer Eichen abgelegt werden und aus bis zu zweihundert winzigen weißen Eiern bestehen. Massenhaft schlüpfen die Raupen im Mai. Fünf bis sechs Entwicklungsstadien müssen die Tiere durchlaufen, während denen sie die Blätter ihres Gastbaums erheblich dezimieren.

Achtung: Egal wie exotisch die Raupen mit ihrem breiten schwarzen Rückenband auch wirken mögen – immer Abstand halten und niemals anfassen. Sie sind mit giftigen Brennhaaren bestückt, die leicht abbrechen und bei Gefahr sogar aktiv abgeschossen werden können. Der Kontakt mit ihnen kann zu Juckreiz, schmerzhaften Schwellungen, Fieber oder gar zu einem allergischen Schock führen. Schon beim Einatmen drohen Bronchitis und Atembeschwerden. Die Brennhaare können noch Jahre nach dem Befall Beschwerden auslösen.

Im Juli 2016 stellten die kleinen Biester im brandenburgischen Wittenberge ihre Zähigkeit unter Beweis. Feuerwehrleute waren dort ausgerückt, um ein brennendes Fass zu löschen. Nach dem Einsatz bemerkten die Männer, dass sich im Fass unzählige Eichen-Prozessionsspinner rührten. Diese unsachgemäße Form der Schädlingsbeseitigung führte zu stark geröteten, juckenden Pusteln bei den Helfern. Ein Feuerwehrmann wurde ins Krankenhaus gebracht, alle Uniformen mussten aufwendig von den Brennhaaren gereinigt werden.

In riesigen Gruppen ziehen die Raupen, meist nachts, zu ihren Fressplätzen und bilden dabei Ketten von bis zu zehn Metern Länge. Sie werden Prozessionen genannt und gaben der Art ihren Namen. Nur wenige Vogelarten, wie der Kuckuck, fressen die Raupen und können das Gift vertragen. Dieser hat die Fähigkeit, seine Magenschleimhaut samt der Brennhaare herauszuwürgen.

gesichtet am:

17

Das Eichhörnchen

Kletterkünstler mit integrierter Kuscheldecke

Wissenschaftlich   Häufigkeit   Lieblingsort

Sciurus vulgaris   Bäume

Guck mal, ein Eichhörnchen! Dem rotbraunen Pumuckl in Parks oder Gärten bei seinen Kletterpartien zuzuschauen, ist einfach eine Mordsgaudi. Mit ihren Sprüngen überbrücken die pelzigen Kobolde mitunter Entfernungen von vier bis fünf Metern. Dafür, dass solche Manöver gut ausgehen, sorgt der fast körperlange Schwanz. Er ist gleichzeitig Balance-, Steuer- und Ruderhilfe und dient auch noch zur Kommunikation.

Ein zusammengerolltes Eichhörnchen kann sich sogar bequem in seinen eigenen Schweif einwickeln und daran wärmen. Vom vielen Hopsen ruht es sich in hohlkugelförmigen Bauten aus, sogenannten Kobeln. Die aufwendigen Konstruktionen werden aus Zweigen, Nadeln und Blättern errichtet. Dank Moosen und Gras wird das Koboldheim im Inneren super gemütlich.

Da Eichhörnchen keinen Winterschlaf halten, sind Vorräte lebenswichtig für sie. Unermüdlich vergraben sie die Nahrung – Beeren, Nüsse, Samen – im Boden oder verstecken sie in Baumspalten. Dank ihres Geruchssinns finden sie viele ihrer Schätze später wieder, der Rest bleibt in der Erde und keimt im Frühjahr. Ab Januar kann man Eichhörnchen dabei beobachten, wie sie sich wilde Verfolgungsjagden liefern – es ist Paarungszeit.

Im Juni 2016 drang ein Eichhörnchen in Mülheim in ein Vogelhäuschen ein und futterte sich darin dermaßen mit den Vorräten einer Piepmatzfamilie voll, dass es nicht mehr durch die Eingangstür passte! Erst die Feuerwehr konnte den wohlgenährten Dieb befreien.

Seit dem späten 19. Jahrhundert wird das Eichhörnchen auf den Britischen Inseln zunehmend vom größeren und kräftigeren Nordamerikanischen Grauhörnchen verdrängt. Selbst Prinz Charles engagiert sich für die Rettung der eleganten Rotpelze und unterstützt eine Initiative, welche die Grauhörnchen durch Medikamente unfruchtbar machen will.

gesichtet am:

18

Der Eisvogel

Indikator naturnaher Gewässer

Wissenschaftlich	Häufigkeit	Lieblingsort
Alcedo atthis		Seen

Etwa neunzig Arten umfasst die Familie der Eisvögel, nur eine davon kommt in Mitteleuropa vor. Durch Naturfilme, Bierwerbung und Tierbücher ist der bunt schillernde Vogel den meisten Städtern ein Begriff, mit eigenen Augen gesehen haben ihn aber die wenigsten.

Maximal achttausend Brutpaare soll es in Deutschland geben – auch in Ballungsgebieten hat sich der nicht sonderlich menschenscheue Eisvogel eingerichtet. Was seinen Lebensraum angeht, ist er sehr wählerisch und akzeptiert nur naturnahe Flüsse, Teiche oder Seen. Als Sichtjäger benötigt er unbedingt klare Gewässer, im Trüben fischen kann er nicht. Essenziell für das exotisch gefärbte Tier mit dem überproportional großen Kopf ist zudem ein artenreicher, vielfältiger Fischbestand.

Es ertönen mehrere kurze, hohe Pfiffe, dann flitzt blitzschnell ein buntes Objekt mit schnellem Flügelschlag über die Wasseroberfläche – in der Art verlaufen die meisten Begegnungen mit Eisvögeln. Dankbar, aber auch ein wenig an der eigenen Wahrnehmung zweifelnd, bleibt da der Naturfreund zurück.

Nach einer vermeintlichen Sichtung sollte man sich die Umgebung ganz genau anschauen, am besten mit einem Fernglas. Mit ein wenig Glück entdeckt man den standorttreuen Eisvogel dann auf einer nahe gelegenen Sitzwarte. Von dort beobachtet er seine Umgebung ganz genau. Hat er einen potenziellen Leckerbissen erspäht, stößt er blitzschnell ins Wasser, taucht senkrecht bis zu einem Meter tief und schnappt sich seine Beute, zu der neben Fischen auch Wasserinsekten, Kleinkrebse und Kaulquappen zählen. Obwohl er sehr farbenfroh ist, fällt der Eisvogel keinesfalls auf wie ein bunter Hund: Da an den Uferbereichen ein beständiges Wechselspiel von Licht und Schatten herrscht, lösen sich die Konturen dieses fliegenden Juwels oftmals scheinbar auf.

gesichtet am:

19

Die Elster

Ist der Ruf erst ruiniert ...

Wissenschaftlich	Häufigkeit	Lieblingsort
Pica pica	🐇🐇🐇🐇🐇	Parks

Die weitverbreitete Elster ist weder zu überhören noch zu übersehen. Der relativ große Vogel mit dem langen Schwanz macht durch lautes Schimpfen selbstbewusst auf sich aufmerksam. Doch die Zeiten waren nicht immer rosig für die Elster: Nach dem Zweiten Weltkrieg veränderte sich ihre Heimat, die Agrarlandschaft, durch den Wandel zur intensiven Landwirtschaft dramatisch.

Die Elster musste sich schleunigst ein neues Zuhause suchen und fand es in grünen Vororten und städtischen Parks. In Komposthaufen und Mülleimern lockt hier ganzjährig ein voller Tisch, abgerundet wird der Speiseplan durch Insekten und überfahrene Tiere. Clever: Die Vögel zerquetschen Wespen vorher mit dem Schnabel, Blindschleichen werden mundgerecht zerteilt.

Lebenslang halten sich Herr und Frau Elster die Treue, bis zu 16 Jahre Ehe kommen so zusammen. Droht Gefahr, lenkt einer den Feind ab, und der andere attackiert aus dem Hinterhalt. Elstern sind außerdem hochintelligent: Sie können zählen, merken sich ihre Futtervorräte und erkennen sich selbst im Spiegel.

Trotz des schmucken Äußeren hat der Vogel kein gutes Image, er gilt immer noch als Dieb und Singvogelmörder. Englische Wissenschaftler wollten 2014 dieser angeblichen Kleptomanie auf die Spur kommen und legten glänzende und matte Objekte an Orten mit hoher Elsterndichte aus. Ein besonderes Interesse der Tiere an glänzenden Dingen konnten sie nicht nachweisen.

Singvögel stehen zwar auf dem Speiseplan der Elstern, allerdings machen diese nur 15 bis 20 Prozent der Nahrung aus. Durch ihren Kinderreichtum gleichen die Singvögel ihre Verluste jedoch mühelos wieder aus. Kulinarisch sind Elstern sehr aufgeschlossen. In Witten (Ruhrgebiet) hat sich eine Elster mit dem Besitzer des Döner-Imbisses Alanya angefreundet. Das »Kebap« getaufte Tier liebt Fleischstückchen, Brot und Pommes.

gesichtet am:

20

Die Dunkle Erdhummel

Emsiges Rüsseltier

Wissenschaftlich

Häufigkeit

Lieblingsort

Bombus terrestris

Wiesen

Die Dunkle Erdhummel ist eine der häufigsten Hummelarten Europas. Bereits im Februar oder März können Königinnen gesichtet werden, die nach der perfekten Stelle für ihr Nest Ausschau halten. Weibchen werden entweder Königin oder Arbeiterin, Männchen leben als Drohnen. Erdlöcher von Maulwürfen oder Mäusen sowie Plätze unter Steinen sind ideale Standorte für Hummelnester, die mit tönnchenartigen Zellen für Pollen, Nektar und den Nachwuchs ausgestattet werden.

Da es im zeitigen Frühjahr meist recht frisch ist, wärmt die Königin ihre erste Brut aufopferungsvoll. Im Brustpanzer produziert sie durch Stoffwechsel Wärme und leitet diese – durch Regulation des Blutstroms – zum Hinterleib, der eng an die Wabe mit den lieben Kleinen gepresst wird. Als zusätzliche Frostschutzmaßnahme liegt das Nest bis zu anderthalb Meter tief unter der Erde.

Hummeln ernähren sich ausschließlich von Nektar. Mit ihrem extralangen Rüssel zählen sie zu den besten heimischen Bestäubern. Seit den 1980er-Jahren wird die Dunkle Erdhummel erfolgreich dazu eingesetzt, auch Tomatenpflanzen in Treibhäusern zu bestäuben – was früher auf sehr arbeitsintensive Weise von Hand erfolgte. Bis zu viertausend Tomaten- oder Paprikablüten bestäubt eine Hummel am Tag. Europäische Unternehmen versenden jedes Jahr mehr als eine Million Hummelnester in alle Welt.

Weibliche Hummeln haben am Hinterleib einen langen Stachel, den sie so gut wie nie benutzen. Die Information hätte einem 28-Jährigen in Sachsen viel Geld erspart. Im September 2016 verirrte sich eine Hummel in den Innenraum seines Audi, woraufhin der verängstige Mann die Kontrolle über seinen Wagen verlor, einen Abhang herunterfuhr und an eine Zaunsäule krachte. Das Auto erlitt einen Totalschaden, Fahrer und Hummel blieben glücklicherweise unverletzt.

gesichtet am:

21

Der Feldhase

Olympiareifer Läufer und Boxer

Wissenschaftlich	Häufigkeit	Lieblingsort
Lepus europaeus		**Brachen**

Früher galten Feldhasen als typische Landbewohner, seit einiger Zeit sind die scheuen Tiere vermehrt im urbanen Raum unterwegs. Monokulturen prägen in steigendem Maße die Landschaft, das gute Nahrungsangebot motiviert Meister Lampe zum Umzug in die City.

Seit Jahren ungedüngte Brachflächen bieten dem Feldhasen ein abwechslungsreiches Menü. Der Pflanzenfresser steht vor allem auf Knollen, Wurzeln, Kräuter und Gräser, im Winter knuspert er auch Knospen, Rinden und Zweige. Feldhasen sind Einzelgänger, ihre Ruhepausen verbringen sie in einer gemütlichen Mulde, der Sasse. Bei Gefahr drückt der Hase sich an den Boden, legt die Ohren eng an den Körper und vertraut auf die Tarnfunktion seines Fells.

Die seitlich stehenden Augen ermöglichen es ihm, einen Bereich von nahezu 360 Grad zu überblicken. Der Feldhase muss ständig vor Feinden wie Greif- und Rabenvögeln sowie Füchsen auf der Hut sein. Auf der Flucht erreicht Meister Lampe olympiareife Höchstgeschwindigkeiten von bis zu achtzig Kilometern in der Stunde, dazu kommen plötzliche Richtungswechsel – das sogenannte Hakenschlagen. Mit seinen extrem langen Hinterläufen kann das Tier drei Meter weit und zwei Meter hoch springen. Die langen, beweglichen Ohren nehmen selbst das leiseste Geräusch wahr.

Um die standorttreuen Geschöpfe zu sehen, sollte man beim Abendspaziergang die Augen offen halten. Treffen in der Paarungszeit zwei Männchen aufeinander, stellen sie sich auf die Hinterbeine und boxen gegeneinander!

Wie zäh die Langohren sind, demonstrierte ein Hase im Juli 2014 am Niederrhein. Ein Autofahrer fuhr morgens von Korschenbroich nach Meerbusch. Plötzlich kollidierte der 54-Jährige mit einem Tier, konnte aber am Fahrzeug weder Schaden noch Unfallopfer erkennen. Erst gegen Mittag entdeckte der Mann – zwischen Kühlergrill und Kühler – einen Hasen. Der Pannendienst befreite das Tier – völlig unverletzt!

gesichtet am:

22

Die Gemeine Feuerwanze

Stinkinsekt in Signalfarben

Wissenschaftlich	Häufigkeit	Lieblingsort
Pyrrhocoris apterus		sonnenbeschienene Mauern

Seit 140 Millionen Jahren wandeln Wanzen schon über unseren Planeten, die Feuerwanze stellt dabei einen besonders auffälligen Vertreter dar: Mit ihrer markanten Zeichnung erinnert sie stark an eine afrikanische Maske. Das Insekt ist bodenlebend und hält sich auch gern an Baumstämmen oder Mauern auf.

Feuerwanzen ernähren sich von herabgefallenen Samen, bevorzugt werden Linden; aber auch die Samen krautiger Malvengewächse sowie der Robinie munden den Krabblern. Anders als ihre blutsaugende Verwandtschaft leben die Feuerwanzen also nicht parasitisch – in der Tat tut dies nur eine kleine Zahl der rund vierzigtausend Wanzenarten.

Zwei bis drei Monate dauert die Entwicklung vom Ei zur erwachsenen Feuerwanze, deren Leben fast zwei Jahre währen kann. Außergewöhnlich im Gegensatz zu vielen anderen Insekten ist, dass die kalte Jahreszeit für die Tiere nicht das Ende bedeutet, denn sie überwintern gesellig und dicht gedrängt an Baumstämmen, im Bodenstreu oder in Mauerritzen.

Interessanterweise gelten die knalligen Geschöpfe unter Singvögeln nicht als leckerer Happen. Möglicherweise verbinden die Vögel die auffällige Farbgebung der Feuerwanzen mit Gefahr, da die ungenießbare Ritterwanze ebenfalls in Schwarz-Rot daherkommt.

An sonnigen Plätzen können Insektenfreunde im Frühling und Sommer häufig wahre Massenversammlungen von Feuerwanzen bestaunen. Blutrot schimmern diese Orte dann, eine regelrechte Explosion der Farben! Mittels Pheromonen verabreden sich die Käfer an idealen Futter- oder Schlafplätzen.

Schaden richten die Feuerwanzen im heimischen Garten nicht an. Doch man sollte die farbenfrohen Geschöpfe besser nicht anfassen, denn wenn sie sich angegriffen fühlen, verströmen sie einen unangenehmen Geruch. Besonders stark stinkt es, wenn eine Feuerwanze zerquetscht wird, sie warnt dann mit einer letzten Duftnote ihre Artgenossen.

gesichtet am:

23

Der Fischotter

Haarmillionär mit Tiefgang

Wissenschaftlich	Häufigkeit	Lieblingsort
Lutra lutra	🐇🐇🐇🐇🐇	Flüsse mit zugewachsenen Ufern

Der Fischotter ist nahrungstechnisch sehr pragmatisch: Gefressen wird, was einfach zu erbeuten ist, meist sind das kleinere Fische. Aber auch gegen Vögel, Schnecken, Frösche, Insekten, Muscheln oder Aas hat das Tier nichts einzuwenden.

Da er sich so gern im Wasser aufhält, sorgt die ausgeklügelte Struktur seiner Haare für eine fantastische Isolation. Ähnlich wie bei einem Reißverschluss sind sie miteinander verzahnt und bilden einen unglaublich dichten Pelz mit eingeschlossenen Luftblasen. So bleibt der Otter gleichzeitig trocken und warm. Unfassbare achtzig bis hundert Millionen Haare nennt das putzige Geschöpf sein Eigen – das sind bis zu fünfzigtausend Haare pro Quadratzentimeter! Ebenfalls rekordverdächtig: Fischotter können bis zu acht Minuten unter Wasser bleiben.

Noch vor hundert Jahren wurde das Tier mit speziell abgerichteten Otterhunden unerbittlich bejagt, für sein Fell wurden hohe Preise gezahlt. In der Fastenzeit wurde sein Fleisch von der Kirche kurzerhand zu Fisch deklariert und durfte damit verzehrt werden.

Dank ganzjähriger Schonzeit und zahlreicher Wiederansiedlungsprojekte hat sich bei uns die Zahl der Fischotter wieder erhöht. Um sie zu sehen, muss man sich nachts auf die Lauer legen. Städtische Seen und naturnahe Flüsse sind seine bevorzugten Lebensräume. Beim Schwimmen lugen Kopf und Hals aus dem Wasser heraus. Gut getarnte Ausstiege am Ufer, ausgetretene Pfade und entsprechende Trittsiegel zeigen an, wenn ein Fischotter in der Nähe ist.

Im Oktober 2010 wurde der Münchner Fischotter »Ignaz« dem Meeresmuseum im japanischen Fukushima übergeben, wo er mit einer Fischotter-Dame für Nachwuchs sorgen sollte. Durch den Tsunami wurde das Museum im März 2011 stark beschädigt, alle Fische starben, doch »Ignaz« und Gattin überlebten mit viel Glück die Katastrophe.

gesichtet am:

24

Die Rote Gartenameise
Emsiger Gärtner und Teamworker

Wissenschaftlich	Häufigkeit	Lieblingsort
Myrmica rubra		naturnahe Gärten

Über 13.000 Arten von Ameisen wurden weltweit beschrieben, in Europa können wir uns über rund zweihundert Arten freuen. Versteinerte Ameisen wurden bereits in Schichten aus der Kreidezeit entdeckt.

Alle Ameisenarten verbindet, dass sie Staaten bilden, die schon mal aus mehreren Millionen Tieren bestehen können. Die Rote Gartenameise ist eine der häufigsten heimischen Arten. Man findet sie beispielsweise in Parks oder Gärten, gern an feuchten und schattigen Plätzen.

Als Allesfresser laben sich die Tiere sowohl an Aas als auch an Insekten und Elaiosomen – nahrhaften Anhängseln von Pflanzensamen. Hungrig tragen die Ameisen die Leckerbissen samt Samen davon und betätigen sich so nebenher als Landschaftsgärtner.

Das Universum der Gartenameise ist streng hierarchisch geordnet: Es gibt Königinnen, die lebenslang Eier legen, Männchen, die nach dem Begatten verscheiden, und vor allem Arbeiterinnen. Diese sind quasi Mädchen für alles, kümmern sich beflissen um Verteidigung, Brutpflege und Nahrungssuche.

Ein durchschnittliches Hügelnest besteht aus 15 Königinnen und tausend Arbeiterinnen. Zusammenhalten ist für die Rote Gartenameise lebenswichtig, und das ist manchmal wortwörtlich zu verstehen: Bei Überflutungen verketten die Winzlinge ihre Körper zu einem überraschend stabilen Floß – Biwakflöße oder Ameisentrauben nennt man dieses Phänomen.

Düfte spielen eine zentrale Rolle für die Orientierung der Ameisen – findet ein Einzeltier einen Leckerbissen, legt es mit Pheromonen eine Duftspur zurück ins Nest, um den anderen den Weg zu weisen. Falls eine solche Ameisenautobahn mal durch Ihren Haushalt verlaufen sollte, so können Sie diese mit stark riechenden Kräutern (beispielsweise Wermut oder Lavendel) leicht unterbrechen. Übrigens: Ameisen stechen nicht. Wenn sie sich bedroht fühlen, beißen sie und spritzen dann Ameisensäure in die offene Wunde.

gesichtet am:

25

Die Gartenkreuzspinne

Geschickter Netzbaumeister

Wissenschaftlich	Häufigkeit	Lieblingsort
Araneus diadematus	🐇🐇🐇🐇🐇	Parks

Die Gartenkreuzspinne – zu erkennen am Kreuz auf dem Rücken – zählt hierzulande zu den häufigsten Spinnentieren. Häusliche Kontakte sind unwahrscheinlich, der Achtbeiner trocknet in beheizten Räumen aus.

Verläuft sie sich doch mal in ein menschliches Domizil, kann ihr Irrtum folgenreich sein. So geschehen im Juli 2017 in Lörrach: Kurz nach zwei Uhr nachts rief dort eine Frau auf dem Polizeirevier an und bat verzweifelt um Rettung. Die Dame hatte bei sich zu Hause eine Kreuzspinne entdeckt und war panisch auf die Straße gerannt. Die Beamten konnten das Tier in Gewahrsam nehmen.

Weniger Furchtsame entdecken diesen Spinnenklassiker in städtischen Parks, Wäldchen oder auf Wiesen. Es lohnt sich, ihre faszinierenden Netze im Detail auf sich wirken zu lassen. In das kunstvoll aus vielen Speichen und Rahmen gebaute Netz hat die Kreuzspinne eine klebrige Fangspirale gewebt. Bleibt ein Insekt an einem Klebfaden hängen, nimmt die Spinne die Erschütterung mit ihren Beinen wahr.

Blitzschnell eilt das Tier zum Ort des Geschehens und benutzt dazu nur jene Fäden, die nicht kleben.

Die Beute wird kurz betastet und durch einen Giftbiss getötet. Ist die Spinne satt, wird das Opfer mit den Beinen der Spinne in rotierende Bewegungen versetzt, mit Fäden aus den Spinnwarzen eingewickelt und als Vorrat ins Netz gehängt. Bei direktem Verzehr injiziert sie ein Verdauungsprotein und saugt dann den Nahrungsbrei auf; Spinnen fehlt ein zerkleinerndes Mundwerkzeug.

Der Künstler Tomás Saraceno ist fasziniert von den Achtbeinern und ihren gewebten Kunstwerken. Nach dem Vorbild von Spinnennetzen schuf er eine in 25 Metern Höhe schwebende Rauminstallation für die Kunstsammlung Nordrhein-Westfalen in Düsseldorf. Die Konstruktion aus 2.500 Quadratmetern Stahlnetzen konnte von Besuchern kriechend entdeckt werden – Spinnenfeeling pur!

gesichtet am:

Der Gelbrandkäfer

Aquatischer Killer mit Hightech-Ausstattung

Wissenschaftlich	Häufigkeit	Lieblingsort
Dytiscus marginalis		Gartenteiche

Mit einer Körperlänge von über drei Zentimetern zählt der Gelbrandkäfer zu den größten Schwimmkäfern. Markantes Erkennungszeichen ist der gelbe Rand an den Flanken. Der ganze Körper der Insekten ist von einem ölartigen, wasserabweisenden Sekret umhüllt, das aus zahlreichen Hautdrüsen abgesondert wird.

Gelbrandkäfer kommen nahezu in ganz Europa vor, stehende Gewässer sind ihr Lebensraum. Die Tiere lauern ihrer Beute auf und zerren sie dann an die Wasseroberfläche. Bevorzugte Leckerbissen des aquatischen Killerkäfers sind Kaulquappen, Insektenlarven und kleine Jungfische.

Hightech-Ausstattung macht die Gelbrandkäfer zu exzellenten Schwimmern: So verfügen die Tiere über dichte Schwimmborsten an den Hinterbeinen, die sich beim Vorwärtsschlag dicht an die Beine anlegen und beim Rückwärtsschlag wieder aufstellen. Auf diese Weise wird der Ruderwiderstand erhöht. Da die Käfer ihre Hinterbeine stets gleichzeitig zurückstoßen, wirken ihre Schwimmbewegungen ungemein elegant.

Obwohl sie sich die meiste Zeit im kühlen Nass aufhalten, müssen die Krabbler immer wieder zum Luftholen auftauchen. Hierzu strecken sie den Hinterleib über die Wasseroberfläche und sammeln frischen Luftvorrat unter den Flügeldecken.

Und dieses Wundertier kann nicht nur fantastisch schwimmen, es fliegt auch noch bravourös! Um neue Lebensräume zu finden, schweben die Insekten – zumeist nachts – durch die Landschaft. Dabei dient ihnen übrigens das sich auf dem Wasser spiegelnde Mondlicht als Orientierung.

Besitzer von Zierfischteichen fürchten die hungrigen Neuankömmlinge mitunter. Ihnen sei zum Trost gesagt: Größere Fische werden vom Gelbrandkäfer nur dann angegriffen, wenn sie alt oder krank sind. Auf diesem Wege sorgt das Insekt für eine optimale Balance im Ökosystem Teich. Gesunde und ausgewachsene Fische sind dagegen sicher vor dem gelben Jäger.

gesichtet am:

Der Goldfisch

Zählebige Augenweide

Wissenschaftlich	Häufigkeit	Lieblingsort
Carassius gibelio forma auratus	🐰🐰🐰🐰🐰	Goldfischteiche

Vor etwa tausend Jahren begannen Menschen im östlichen China damit, Goldfische zu züchten. Wissenschaftler stritten lange Zeit über die Ursprünge des beliebten Tiers, heute geht man davon aus, dass der Giebel die Stammform des Goldfischs ist. In Bezug auf Lebensraum und Ernährung sind die Goldfische sehr flexibel. So kommt der Allesfresser in Städten auch mit einer schlechten Wasserqualität und niedrigen Sauerstoffkonzentrationen klar.

Die Kiefer der Goldfische sind zahnlos, dafür ist ihr Rachen mit Schlundzähnen bestückt. Ihre Nahrung nehmen sie mit dem weit vorstülpbaren Maul auf. Zerkleinert wird diese zwischen den Schlundzähnen und einer direkt gegenüberliegenden, knöchernen Kauplatte. Da Goldfische – wie alle Karpfenfische – keinen Magen haben, findet die Verdauung ausschließlich im Darm statt.

Mindestens 120 verschiedene Zuchtformen des Goldfischs existieren mittlerweile. So gibt es Tiere mit besonders geformten Flossen, seltsamen Körperformen, ausgefallenen Mustern oder kugelförmig hervorstehenden Augen. Einige dieser Formen kritisieren Tierschützer als Qualzuchten.

In einem Hotel südlich von Brüssel werden die dekorativen Tiere als Gesellschafter eingesetzt. Für 3,50 Euro am Tag kann man im Charleroi Airport Hotel einen Goldfisch mieten und mit aufs Zimmer nehmen, Familien mit Kindern dürfen ihn sogar gratis ausleihen. Zur Auswahl stehen drei Exemplare: Nemo, Heineken und Prince Charles.

Weil ihre Besitzer sie loswerden wollen, landen die possierlichen Flossentiere immer öfter in Tümpeln und anderen städtischen Gewässern. Dort vermehren sich die anpassungsfähigen und zähen Fische rasant und verdrängen seltene einheimische Amphibien wie den Laubfrosch und die Wechselkröte. So geschehen am Stadtrand von München: Im März 2017 fischten Umweltschützer dort etwa vierhundert Goldfische aus einem Tümpel in einem Naturschutzgebiet.

gesichtet am:

Die Europäische Gottesanbeterin

Killerbraut mit perfekter Camouflage

Wissenschaftlich	Häufigkeit	Lieblingsort
Mantis religiosa	🐇🐇🐇🐇🐇	Trockenrasen

Diese Stadtbewohnerin ist als eiskalte Gattenmörderin verschrien. Tatsächlich knabbern weibliche Gottesanbeterinnen gern mal ihren Sexpartner während des Aktes an – dies ist aber eher Ausnahme als Regel. So tragisch ist es ohnehin nicht, denn selbst ohne Kopf kann Herr Mantis noch stundenlang weiter herumscharwenzeln.

Im Mittelmeerraum ist das Mordsweib schon lange heimisch, seit einigen Jahren nistet es sich auch in Deutschland ein, dank Klimawandel und Globalisierung. Die Jetsetterin gehört zur Ordnung der Fangschrecken, von denen bisher weltweit über 2.400 Arten beschrieben wurden, 36 davon leben in Europa. Bei uns in Mitteleuropa kommt nur eine einzige Art vor: die Europäische Gottesanbeterin.

Als Lauerjäger sitzt die Gottesanbeterin stundenlang bewegungslos auf Beute an, um dann blitzschnell mit ihren dornigen Fangbeinen zuzuschlagen. Andere Insekten wie Heuschrecken, Bienen, Spinnen oder Fliegen fallen – noch bevor sie es richtig mitbekommen – diesem Mikro-Tiger zum Opfer.

Mit stattlichen Längen von gut acht Zentimetern sind die Raubinsekten kaum zu verwechseln, ihre Bewegungsarmut und perfekte Tarnung erschweren jedoch die Sichtung. Um sie auszumachen, muss man also schon sehr genau hinschauen. Entdeckerempfehlung: Sie liebt sonnige, trockenwarme Gras- und Buschlandschaften. In Städten findet man sie mitunter auf Brachen. Erst ab Juli oder August sind die Tiere ausgewachsen, ihre Farbgebung passt sich perfekt der Umwelt an und changiert zwischen etlichen Grün- und Brauntönen.

Die erwachsenen Gottesanbeterinnen hauchen mit dem ersten Frost im Herbst ihr Leben aus. Ab Mai schlüpft dann der mörderische Nachwuchs aus den sogenannten Ootheken – Schaumnestern mit Platz für bis zu vierhundert Eier. Hier sind die Kleinen perfekt geschützt und isoliert, erst bei frostigen minus 43 Grad sterben alle Eier ab!

gesichtet am:

29

Der Graureiher

Adlerauge mit Zen-Faktor

Wissenschaftlich	Häufigkeit	Lieblingsort
Ardea cinerea	🐰🐰🐰🐰🐰	Parkteiche

Ohne jede erkennbare Regung – gleich einer griechischen Statue – steht er mitunter stundenlang im Wasser. Nein, der bis zu einem Meter große Graureiher steht nicht einfach, er verschmilzt mit der Umgebung. Ihm ein paar Minuten lang zuzuschauen, das ist Zenbuddhismus in Reinform.

Der Kopf ist gesenkt, der gekrümmte Hals wirkt wie ein Flitzebogen. Das Tier ist total gelassen und doch hoch konzentriert. Blitzschnell schnellt der Kopf nach vorn, schon zappelt ein Fisch im dolchförmigen Schnabel – happs, ist er verschluckt! Der Graureiher, auch Fischreiher genannt, ist in Europa die am weitesten verbreitete Reiherart. In der Luft ist der Zen-Vogel unverkennbar, da er sich mit auf den Schultern ruhendem Kopf, ausgestreckten Beinen und langsamen Flügelschlägen fortbewegt.

Unter Besitzern von Koi- und Goldfischteichen hat der gelassene Fischjäger keine große Fangemeinde. Durch Netze, Spiegel oder Bewegungsmelder mit Wasserspritzdüsen versuchen sie, ihre geschuppten Lieblinge zu retten. Derartige Fischschutzmaßnahmen brachten 2014 einen Fischreiher im baden-württembergischen Eberdingen in arge Bedrängnis. Nachdem sich das Tier an mehreren Goldfischen gütlich getan hatte, verfing es sich unglücklich in einem quer über den Teich gespannten Netz und musste von Polizisten befreit werden.

Ebenfalls sehr beliebt bei Fischteichbesitzern sind lebensechte Reihernachbildungen aus Kunststoff. Was die Anwender der Plastikreiher nicht wissen: Das Original verfügt über ein prima Sehvermögen – kein Fischreiher würde je auf solch einen Pappkameraden hereinfallen! Besteht ein gutes Nahrungsangebot, sind die Tiere in losen Schwärmen unterwegs. Doch wenn es hart auf hart kommt, wird das eigene Territorium verbissen gegen Konkurrenten verteidigt, die dabei auch schon mal ihr Leben lassen.

gesichtet am:

30

Der Halsbandsittich

Grüner Raser

Wissenschaftlich | Häufigkeit | Lieblingsort
Psittacula krameri | | Bäume

Die eigentliche Heimat dieser Papageienart sind die Savannen Afrikas und der indische Subkontinent. Ab dem 19. Jahrhundert erfreuen die elsterngroßen Vögel mit dem markanten roten Schnabel uns Menschen als Zooattraktion und Haustiere. Dass unter diesen Umständen ein gelegentliches Ausbüxen nicht zu vermeiden ist, versteht sich von selbst.

Im Gegensatz zu anderen Exoten, wie dem australischen Wellensittich, schlägt sich der Halsbandsittich auch ohne uns gut durch. 1967 wurde in Köln das erste frei lebende Brutpaar entdeckt. Aufgrund des vergleichsweise milden Klimas fühlt sich der Sittich vor allem in den Städten der Rheinebene pudelwohl. Städte verfügen generell über ein relativ warmes Mikroklima. Wenn die grünen Migranten wie eine kreischende Wolke durch die City fliegen, ist ihnen ungeteilte Aufmerksamkeit gewiss. Sie lieben Parks, Friedhöfe und Privatgärten und fressen Obst, Blüten und Beeren. Im Jahre 2011 lebten schätzungsweise rund 7.500 wilde Halsbandsittiche in Deutschland.

An den Tieren entzünden sich hitzige Diskussionen. Die eine Seite sieht in den Vögeln Überträger von Krankheiten und verweist auf Ernteschäden. Die Sittichfans halten dagegen und betonen, dass die grünen Vögel bisher keine messbaren Schäden angerichtet hätten. Interessant ist, dass die Gesamtzahl der Tiere nicht mehr zunimmt. In Köln etwa ist ein konstanter Bestand von etwa zweitausend Halsbandsittichen nachgewiesen. Ein Grund hierfür könnte sein, dass Wanderfalken und Habichte Geschmack an dem Fremdling gefunden haben.

Im Mai 2015 legte sich die Polizei im rheinland-pfälzischen Zweibrücken auf die Lauer, um Temposünder zu ertappen. Plötzlich wurde die Messanlage ausgelöst – 43 Stundenkilometer in der Tempo-30-Zone! Allerdings konnten die Beamten weit und breit kein Fahrzeug erspähen. Erst beim Blick auf das Blitzerfoto löste sich das Rätsel: Der Raser war ein Halsbandsittich!

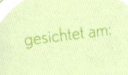

gesichtet am:

Der Haubentaucher

Emanzipierter Familienvogel

Wissenschaftlich	Häufigkeit	Lieblingsort
Podiceps cristatus	🐇🐇🐇🐇🐇	Parkteiche

Seine roten Augen signalisieren Wildheit, der Schlangenhals erinnert entfernt an das Ungeheuer von Loch Ness, und dann noch diese verwegene Federhaube. Kein Zweifel, vor uns steht ein waschechter Rebell! Der unverkennbare Look ist Unisex. An fast allen städtischen flachen Binnengewässern können diese lebhaften Schwimmvögel bestaunt werden, an Land sind sie praktisch nie.

Selbst bei der Balz verfällt der Vogel nicht in antiquierte Rollenmuster. Das Paar richtet sich gemeinsam aus dem Wasser auf, presst Brust an Brust aneinander, gleichberechtigt schütteln die Partner die Köpfe und schlagen kräftig mit den Füßen. Doch die Rocker können auch ganz sanft, bei der Balz überreichen sie einander Geschenke wie Futter oder Nistmaterial.

Der Nachwuchs wird von den stolzen Eltern in den ersten zwei bis zehn Lebenswochen treu sorgend im Rückengefieder versteckt. Sogar beim Tauchen sind die lieben Kleinen mit von der Partie. Hauptgericht der Haubentaucher sind Fische, die vor allem tauchend erbeutet werden. Weniger als 45 Sekunden dauern die Tauchgänge in der Regel, die durchschnittliche Tiefe liegt zwischen zwei und vier Metern. Wissenschaftler haben allerdings auch schon unfassbare vierzig Meter nachgewiesen.

Haubentaucher sind so sehr mit dem nassen Element verbunden, dass sie sogar auf dem Wasser schlafen. Auch in der Luft machen sie eine gute Figur: Dank raschem Flügelschlag und aerodynamisch gestrecktem Hals sausen die Haubentaucher pfeilschnell davon. Gestartet wird ähnlich wie ein Jagdflieger vom Flugzeugträger: kurzer Anlauf, und dann steil nach oben.

Obwohl die Haubentaucher anmutige Lebewesen sind, sollte man besser keine Mitmenschen als solche betiteln. Genau dies tat nämlich im Juni 2000 ein 33-jähriger Nürnberger gegenüber einem Polizisten: »Sie sind ja der letzte Haubentaucher.« Achthundert Mark Geldbuße kostete ihn sein flottes Mundwerk.

gesichtet am:

Der Haushund

Kaltschnäuzer mit wölfischen Wurzeln

Wissenschaftlich	Häufigkeit	Lieblingsort
Canis lupus familiaris		Körbchen

Während sich der Wolf nur langsam und äußerst vorsichtig an den Rand unserer Städte vorwagt, wohnt seine Unterart längst erfolgreich im urbanen Raum: Etwa sieben Millionen Hunde leben in der Bundesrepublik. Bereits seit Jahrtausenden sind wir Menschen dem Charme des Haushunds verfallen. 1914 wurde in Bonn ein über 13.000 Jahre altes Grab entdeckt, in dem zwei Menschen und ein Hund gemeinsam bestattet wurden.

Als Rudeltier liegt es in der Natur des Hundes, sich einem Rudelführer unterzuordnen. Den Menschen schmeichelt dieser Instinkt, sie deuten ihn allzu gern als unverbrüchliche Treue. Erkennt der Hund den Menschen aufgrund seines Verhaltens nicht als Ranghöheren an, nimmt er einfach selbst diese Position ein: Hunde, die mit ihren Menschen Gassi gehen, trifft man überall in der City.

Ebenso spannend ist die neuste Hundemode, die Fiffi mit diversen Westen oder Mützen vor den Unbilden des Wetters schützen soll. Selbst im Berliner Kaufhaus des Westens werden mittlerweile Hundepullover – Stückpreis hundert Euro – verkauft.

Früher waren die Fellnasen bodenständiger, sie wurden ganz pragmatisch als Gebrauchshunde eingesetzt. Bei der Treibjagd halfen Jagdhunde, Hirtenhunde hielten die Herde zusammen, Wachhunde sicherten Haus und Hof. Die Zughunde wurden zum Pferd des armen Mannes, und sogar in den Krieg musste Waldi ziehen. Heute bilden wir die Tiere zu Blindenführ- oder Drogensuchhunden aus, Therapiehunde begleiten medizinische Behandlungen.

Die Berufsbezeichnung heutiger Stadthunde könnte Entertainer lauten. In Zeiten von Individualisierung, Singlehaushalten und alternder Gesellschaft werden sie immer mehr zu Familienersatz, Seelentröster und Gesprächspartner. Ihrer Lebensfreude verleihen die Hunde erfrischend direkt Ausdruck, Contenance ist ihnen fremd. Der Mensch beneidet das Tier wohl im Stillen um diese Freiheit.

gesichtet am:

Die Hauskatze

Mini-Löwe mit göttlicher Ausstrahlung

Wissenschaftlich	Häufigkeit	Lieblingsort
Felis silvestris catus		**Ihr Bett**

Katzen wirken Wunder – dies bestätigten Wissenschaftler der State University of New York anno 2001 in einer Studie mit alleinstehenden Brokern. Die Forscher kamen zu dem Ergebnis, dass die Anwesenheit eines Haustiers in Stresssituationen blutdrucksenkend wirkt. Nicht umsonst wurden Katzen bereits im alten Ägypten als Götter verehrt.

Zwischen acht und 13 Millionen Hauskatzen leben schätzungsweise in deutschen Haushalten. Da die Stubentiger nicht meldepflichtig sind, ist ihre genaue Anzahl ungewiss. Uralt ist die Beziehung von uns Menschen zu den Samtpfoten: Als wir sesshaft wurden, schlossen sie sich uns an. Nach heutigem Stand der Wissenschaft lebt der *Homo sapiens* bereits seit über neuntausend Jahren mit Katzen zusammen: Zuerst waren sie nur Abfallfresser, dann malochten sie im Mäusefangbusiness und wurden schließlich zu Kuscheltieren.

Hauskatzen werden von ihren Besitzern mit Futter versorgt, Jagen ist lediglich ihr Hobby. Für die etwa zwei Millionen verwilderten Katzen in Deutschland ist die Jagd hingegen eine Notwendigkeit. Wie viele Kleintiere jedes Jahr auf ihr Konto gehen, ist ungewiss. Naturschützer raten auf jeden Fall zu einer Sterilisation der Freigänger. Profitieren würde davon besonders die Stammform der Hauskatze, die heute sehr selten gewordene Europäische Wildkatze. Verwilderte Hauskatzen, die sich im Wald herumtreiben, paaren sich nämlich mit Wildkatzen und sorgen so für eine Hybridisierung beider Arten.

Katzenbesitzer wissen, dass ihre Lieblinge keine Probleme mit dem Öffnen von Türklinken haben. Noch einen Schritt weiter ging eine Katze im März 2017 im bayerischen Odelzhausen. Unbemerkt schlich sich das Tier in das Firmenauto seiner Besitzerin und wurde dort aus Versehen eingesperrt. Um sich aus ihrer misslichen Lage zu befreien, drückte das Tier die manuelle Notruftaste des Wagens und alarmierte so die Polizei.

gesichtet am:

Die Hausmaus

Monster und Maskottchen

Wissenschaftlich	Häufigkeit	Lieblingsort
Mus musculus	🐇🐇🐇🐇🐇	Speisekammern

Das Verhältnis vom Stadtmenschen zur Maus ist oft ambivalent. Einerseits finden die meisten Menschen das Nagetier äußerst possierlich – als Filmstar, Comicfigur und Kinderbuchprotagonist begleitet es unseren Alltag, auch als Haustier steht es hoch im Kurs. Und: Einer der beliebtesten Kosenamen der Deutschen ist »Maus«.

Andererseits sind diese Säugetiere Nahrungsschädlinge und potenzielle Krankheitsüberträger.

Der Allesfresser Hausmaus stürzt sich bevorzugt auf pflanzliche Nahrung, verachtet aber auch lebende Insekten nicht. Gern ziehen die knopfäugigen Geschöpfe in unsere Häuser ein, erst durch Kot und Fraßspuren an Lebensmitteln bemerken wir ihre Präsenz.

Herr und Frau Hausmaus sind übrigens keineswegs mucksmäuschenstill: Die Tiere nutzen komplexe Ultraschallgesänge zur Kommunikation – tatsächlich quatschen weibliche Hausmäuse mehr untereinander als ihre männlichen Artgenossen! Auch scheint der Gesang je nach Nationalität zu variieren – so fanden Forscher heraus, dass deutsche Mäuse die Silben länger ausdehnen als ihre französischen Artgenossen.

Die Hausmaus ist meist nachtaktiv und, ähnlich wie der moderne Großstadtmensch, immer in Hektik. Bei guter Futterlage wirft Frau Hausmaus bis zu acht Mal jährlich. Da jeder Wurf drei bis acht Jungen umfasst, möchten die meisten Städter ihre knopfäugigen Untermieter lieber loswerden.

Lebendfallen werden dafür immer beliebter. Zusätzliches Plus: Das Tier kann nach dem Fang direkt beim ungeliebten Nachbarn wieder ausgesetzt werden. Sollte die Hausmaus dank ausreichender Nahrungszufuhr in Zukunft an Größe zulegen, ist man im rheinland-pfälzischen Neroth darauf vorbereitet. Dort befindet sich – bestätigt vom Guinnessbuch der Rekorde – die weltgrößte Mausefalle. Sie ist drei Meter breit, sechs Meter lang und kann im Restaurant Mausefalle bestaunt werden!

gesichtet am:

Der Haussperling

Stadtbekannter Jedermann und Teamplayer

Wissenschaftlich	Häufigkeit	Lieblingsort
Passer domesticus	🐰🐰🐰🐰🐰	**Straßencafés**

Schau mal, ein Piepmatz! Der Haussperling – auch Spatz genannt – ist meist der erste Vogel, den Kleine beobachten. Kein Wunder, der lärmende Jedermann ist einer der häufigsten Piepmätze in Deutschland und kann überall in der Stadt ohne großen Aufwand beobachtet werden. Sein Gesang ist nicht raffiniert, doch einprägsam: eine schlichte Abfolge von »tschilp«-Rufen.

Wenn wir Städter Schmackhaftes zu uns nehmen, wird der Spatz schnell zudringlich, flattert um uns herum und stibitzt gern mal ein Stücken vom Kuchen auf dem Teller. Die meisten Menschen finden das possierlich und dulden den kleinen Dieb. In früheren Zeiten war man weniger tolerant. Noch in den 1950er-Jahren zahlten manche Städte Kopfprämien für getötete oder gefangene Haussperlinge.

Das ausgiebige Wellnessprogramm der Spatzen – Staub- und Wasserbäder – ist herrlich anzuschauen. Diese Prozedur reinigt nicht nur das Gefieder, sondern ist zudem äußerst gesellig. Spatzen sind generell echte Teamplayer: Kleinere Trupps von gut einem Dutzend Tieren gehen in Städten gemeinsam auf Nahrungssuche. Findet ein Gruppenmitglied etwas Appetitliches, lockt es die Kollegen durch Rufe herbei.

Die Weibchen sind farblich deutlich weniger kontrastreich als die Männchen, aber trotzdem wählerisch. Nur ein komfortabler Nistplatz sowie ein anschwellender Brustlatz überzeugen sie. Ist Frau Spatz dann aber mal begeistert, dann fordert sie ihren Schatz bis zu zwanzig Mal in der Stunde zum Liebesakt auf.

Im April 2009 schaffte es ein einzelner Spatz im englischen Leasingham, einen Schaden von rund 275.000 Euro zu verursachen. Das Tier hatte die verhängnisvolle Idee, sein Nest mit Filtern von aufgerauchten Zigaretten behaglicher zu gestalten. Unglücklicherweise befand sich das Nest auf dem Dachboden eines Geschäfts, eine der Kippen glühte nach und entfachte ein Feuer, dem der ganze Laden zum Opfer fiel.

gesichtet am:

Das Grüne Heupferd

Trällernder Insektenkiller mit Biss

Wissenschaftlich	Häufigkeit	Lieblingsort
Tettigonia viridissima		Trockenrasen

Mit seinen gut vier Zentimetern Länge ist das Grüne Heupferd der Elefant in unserer heimischen Insektenwelt. Das exotisch anmutende Kerbtier zählt zu den größten Langfühlerschrecken Mitteleuropas. Es kommt auch in Städten häufig vor und verrät sich durch sein metallisches Zirpen, das ein bisschen wie ein Elektromotor klingt.

Die geschlechtsreifen Männchen sind besonders sangesfreudig – natürlich, um damit das schöne Geschlecht anzulocken. Ihren markanten Krach erzeugen sie durch Stridulation, wobei sie die beiden Vorderflügel aneinander reiben. Durchschnittlich ist das Konzert fünfzig Meter weit zu vernehmen. Geübte Heupferde nutzen erhöhte Warten und schaffen mit diesem Trick sogar hundert Meter.

Die Vorführung startet meist ab Mittag und endet gegen Mitternacht. Um den perfekten Hörgenuss sicherzustellen, verfügen beide Geschlechter über Hörorgane, die sich am Knie der Vorderbeine befinden. Das Weibchen besitzt zusätzlich eine immense Legeröhre am Hinterleib, mit der es bis zu sechshundert Eier im Erdreich deponieren kann.

Obwohl diese riesige Heuschrecke total harmlos aussieht, ist sie eine skrupellose, tag- und nachtaktive Fressmaschine. Sie verschlingt nicht nur andere Insekten und deren Larven, sondern macht auch vor schwachen, kranken oder alten Artgenossen nicht halt. Ist nichts Lebendiges verfügbar, begnügt sich das Grüne Heupferd auch mit Grünzeug, besonders favorisiert werden weiche und krautige Pflanzen.

Wir Menschen können uns über den Appetit des Mörderinsekts nur freuen. Lästigen Zeitgenossen wie Fliegen, aber auch schädlichen Raupen oder Kartoffelkäfern macht das Grüne Heupferd den Garaus. Auch wenn ein cooles Fotomotiv winkt, sollte man den grünen Riesen lieber nicht auf die Hand nehmen. Mit den kräftigen Mundwerkzeugen kann das Geschöpf kräftig zubeißen. Das tut richtig weh!

gesichtet am:

37

Der Hirschkäfer

Rarität mit imposantem Pseudo-Geweih

Wissenschaftlich

Lucanus cervus

Häufigkeit

Lieblingsort

Eichen

Mit seiner stattlichen Länge von bis zu neun Zentimetern ist der schwarzbraune Hirschkäfer der größte Käfer in Mitteleuropa. Das markante »Geweih« der Männchen ist eigentlich der zu geweihartigen Zangen vergrößerte Oberkiefer; er misst ungefähr drei Zentimeter. Mit dem imposanten Überhang wird jedoch nicht gefressen, er ist wichtig für Rivalenkämpfe und zum Festhalten der Partnerin während des Akts.

Hirschkäfer ernähren sich von Pflanzensäften, besonders jener der Eiche ist ihr Lieblingsdrink. Um an die besten Plätze zu gelangen, können die Insekten fliegen, besonders in der Dämmerung schwärmen sie mit lautem Brummen aus. Naturliebhaber sollten in städtischen Parks, Gärten und Wäldchen in der Nähe von Eichen Ausschau nach den Mini-Hirschen halten. Bedauerlicherweise lebt der Hirschkäfer jedoch nur maximal acht Wochen, der Sichtungszeitraum ist also sehr kurz. Viel länger dauert die versteckte Existenz als cremefarbene Larve. Diese entwickeln sich in Wurzeln, Stämmen oder Stümpfen und verputzen – durch Pilzbefall zersetztes – Totholz.

Wie lange die Larven für ihre Entwicklung brauchen, hängt von der Holzqualität ab. In der Regel dauert es drei bis fünf – in Extremfällen sogar acht – Jahre, bis sie sich in einer Kammer im Erdboden verpuppen. Die ausgewachsenen Hirschkäfer graben sich im Frühjahr an die Erdoberfläche. Übrigens: Dieses außergewöhnliche Tier ist in Mitteleuropa nicht durch verrückte Käfersammler selten geworden, sondern weil es immer weniger Totholz gibt.

Wie hart diese Insekten im Nehmen sind, bewies ein Hirschkäfer, der einem Skorpion als Mahlzeit dienen sollte. Statt sich in sein Schicksal zu fügen, schaltete das mutige Insekt auf Angriff und zerteilte den Skorpion in zwei Hälften. Im Internet ist das Video des überraschenden Kampfs ein Hit!

gesichtet am:

38

Der Höckerschwan

Romantiker mit Rambo-Qualitäten

Wissenschaftlich	Häufigkeit	Lieblingsort
Cygnus olor	🐰🐰🐰🐰🐰	Seen

Lange nimmt er Anlauf, scheint auf dem Wasser zu laufen, um sich dann behäbig in die Lüfte zu erheben. Der Höckerschwan ist das gefiederte Äquivalent zum Wasserflugzeug. Tatsächlich ist das Jumbo-Federvieh – Männchen bringen es auf gut 14 Kilo Gewicht – einer der schwersten flugfähigen Vögel auf unserem Planeten.

Die haselnussbraunen Augen und der S-förmig gebogene Hals verweisen auf die romantische Ader der Riesenvögel, die sich auf Lebenszeit binden. In gemeinschaftlicher Harmonie bauen die Eltern das Nest, aber wehe, es nähert sich ein ungebetener Besucher … Fauchend wie ein Märchendrache vertreiben die Männchen jeden Eindringling. Die Aggressivität der weißen Schönheiten wurde im Juli 2010 einem Mann in Lettland zum Verhängnis. Die Gattin des 32-Jährigen wurde beim Schwimmen von einem Schwan attackiert, der Ehemann eilte zu Hilfe, woraufhin sich der Vogel nun auf ihn stürzte. Die Frau konnte sich ans Ufer retten, doch ihr Gatte überlebte den Angriff nicht.

Allerdings sterben im Jahr wesentlich mehr Schwäne durch Menschen als umgekehrt, denn in vielen Bundesländern darf der Vogel bejagt werden. Großstädter ticken natürlich ganz anders. So gibt es in Hamburg bereits seit dem 17. Jahrhundert das städtische Amt des sogenannten Schwanenvaters. So behutsam wie möglich werden die Riesenvögel von dessen Mitarbeitern Anfang November auf der Alster und den umliegenden Kanälen eingefangen und im Winterquartier kulinarisch betreut.

Liebesgeschichten zwischen Schwänen und Tretbooten gehen immer wieder durch die Medien. Das Ende einer originelleren Liaison sorgte anno 2011 besonders für Furore: Höckerschwan »Schwani« aus dem Münsterland war jahrelang in einen Traktor verliebt und watschelte ihm auf all seinen Fahrten treu hinterher. Doch die Liebe hatte langfristig keine Zukunft: »Schwani« orientierte sich schließlich doch in Richtung Wildgans.

gesichtet am:

39

Der Gemeine Holzbock

Fauler Krankheitsüberträger

Wissenschaftlich	Häufigkeit	Lieblingsort
Ixodes ricinus	🐰🐰🐰🐰🐰	Ihr Körper

Zecken sind eine Ordnung der Milben, etwa neunhundert Arten wurden bisher weltweit entdeckt. In Deutschland leben 19 Zeckenarten, die auch Geschmack an Menschenblut finden. Der Gemeine Holzbock ist mit Abstand die häufigste einheimische Zeckenart, in den warmen Monaten ist dieses Spinnentier überall im Land anzutreffen.

Nicht nur in Wäldern müssen wir vor dieser Schildzecke auf der Hut sein. Wenn sie die richtigen klimatischen Bedingungen – feucht und schattig – vorfindet, kann sie auch in vielen städtischen Lebensräumen vorkommen. So wurde der Holzbock beispielsweise schon in Berliner Hinterhöfen entdeckt.

Entgegen der landläufigen Meinung springt der Holzbock nicht von Bäumen herab, stattdessen lauert er an bis zu anderthalb Meter hohen Pflanzen auf vorbeikommende Säugetiere. Er erkennt sie dank eines speziellen Organs. Dieser Chemorezeptor, genannt Haller'sches Organ, sitzt am ersten Beinpaar und reagiert auf Erschütterungen, Körperwärme, Atemluft und Schweiß.

Ist der Wirt attraktiv, lässt sich das Spinnentier abstreifen und beginnt eine oft langwierige Suche nach einer optimalen Stelle zum Zustechen. Die Kriterien sind dünne Haut, Wärme und Feuchtigkeit – also Kniekehlen, Leiste und Haaransatz. Die Blutsauger ritzen zuerst die Haut ihres Opfers auf, um dann ein mit Widerhaken besetztes Kieferwerkzeug zum Saugen einzuführen. Vollgesogen kann eine Zecke bis auf einen Zentimeter Körperlänge anschwellen.

Erwähnt werden muss auch das Risiko einer Infektion. Die Zeckenborreliose ist mit geschätzten sechzig- bis hunderttausend Erkrankungen jährlich die häufigste von Zecken übertragene Krankheit. Die Frühsommer-Meningoenzephalitis (FSME) ist glücklicherweise wesentlich seltener. Lange Hosen sind bei Streifzügen durch die Natur angeraten, und vor allem am Abend sollte man den Körper anschließend ganz genau untersuchen.

gesichtet am:

40

Die Westliche Honigbiene

Fleißige Blütensammlerin mit Launen

Wissenschaftlich	Häufigkeit	Lieblingsort
Apis mellifera	🐇🐇🐇🐇🐇	Bienenstock

Tongefäße aus archäologischen Fundstätten in Vorderasien, Nordafrika und Europa beweisen, dass schon Bauern der Jungsteinzeit vor neuntausend Jahren Bienenwachs verwendeten. Die Bedeutung der Bienen für unser heutiges Ökosystem ist immens: Etwa achtzig Prozent der heimischen Nutz- und Wildpflanzen sind auf die Bestäubung durch Honigbienen angewiesen. Der Wert ihres Bestäubungsservices beträgt in Deutschland rund zwei Milliarden Euro jährlich.

Über hunderttausend Imker sind aktuell hierzulande registriert, besonders boomt seit einigen Jahren das Stadtimkern. In Berlin leben heute sechs Völker pro Quadratkilometer, mehr als zehnmal so viel wie im umliegenden Brandenburg. Städte verfügen inzwischen über ein vielfältigeres Nahrungsangebot für Bienen als die Monokulturen auf dem Land. Kleingärten, Brachflächen, Dachterrassen – irgendwas blüht immer!

Dem Stadtmenschen begegnet die Honigbiene fast überall. Ein ruhiger Summton und langsame Flugbewegungen zeigen an, dass sie bester Laune ist. Vorsicht ist jedoch bei nervösem Zickzackflug und schrillem Summen geboten. Dann hat sie einen schlechten Tag, und man hält sich besser fern!

Im Gegensatz zur Wespe stechen Bienen zwar nur selten zu, doch ihr Stachel verfügt über winzige Widerhaken. Diese bleiben im Chitinpanzer anderer Insekten nicht stecken, doch in der elastischen Oberhaut des Menschen. Die Folge: Die Biene kann den Stachel nicht mehr aus unserer Haut herausziehen, beim Wegfliegen reißt ihr kompletter Stechapparat inklusive Giftblase vom Hinterleib ab – ein sicheres Todesurteil. Der Stechapparat pumpt mittels des Stachels weiteres Gift, deshalb sollte man nach einem Bienenstich den Stachel schnellstens aus der Haut entfernen. Da die Biene beim Stechen ein Alarmpheromon freisetzt, sollte der Ort des Geschehens zügig verlassen werden – bevor die Kolleginnen anrücken.

gesichtet am:

41

Die Kanadagans

Airbusschreck und Kotbomber

Wissenschaftlich	Häufigkeit	Lieblingsort
Branta canadensis		Wiesen

Vor über dreihundert Jahren wurden die Nordamerikaner als Ziervögel nach Europa gebracht und sind in vielen deutschen Städten inzwischen ein alltäglicher Anblick. Naturfreunde finden die Tiere im Umfeld von Parks, Seen und Teichen.

Die Vögel müssen bei uns nur wenige natürliche Feinde fürchten. Zudem sind sie äußerst wehrhaft, was eine Joggerin im Juni 2013 im nordrhein-westfälischen Gladbeck am eigenen Leib erfahren musste. Obwohl sie respektvoll Abstand zu einer Gruppe von Kanadagänsen hielt, flog ein Federvieh herbei und griff die Dame an. Ihre Platzwunde am Kopf musste von einer Ambulanz behandelt werden.

Menschen stehen allerdings normalerweise nicht auf dem Speiseplan der Kanadagänse, sondern vorwiegend Gräser sowie Sumpf- und Wasserpflanzen. Die städtischen Bestände der Tiere wachsen seit Jahren an, sodass Wiesen, Gewässer und Wege von ihnen verstärkt mit Kot beschmutzt werden, gerade Spielplätze sind nach ihren Besuchen häufig unbenutzbar.

Deshalb versuchen immer mehr Städte, die fliegenden Kotbomber loszuwerden. So sollen in Düsseldorf proteinarme Grasarten in Parks den Vögeln den Appetit verderben. Dortmund und Essen geben den ungeliebten Exoten zum Abschuss frei, andere Metropolen experimentieren mit Zäunen, Fütterungsverboten, Vogelscheuchen und sogar Drohnen. Naturschützer plädieren dafür, die Tiere ständig zu stören: Wärter und ausgebildete Hunde sollen es den Gänsen so richtig ungemütlich machen.

Glücklicherweise kam es in Deutschland bisher zu keinem Wildgänseunfall wie im Januar 2009 in New York. Damals hatte ein Airbus A320 kurz nach dem Abheben eine unglückliche Begegnung mit einem Gänseschwarm. Nur etwa tausend Meter über Grund wurden mehrere Tiere in beide Triebwerke gesogen, sodass diese ausfielen. Weitere drei Minuten später gelang dem Piloten eine meisterhafte Notlandung auf dem Hudson River, alle 155 Passagiere überlebten.

gesichtet am:

42

Der Karpfen

Festessen, Statussymbol, Haustier

Wissenschaftlich	Häufigkeit	Lieblingsort
Cyprinus carpio		Seen

Ursprünglich stammt der Karpfen aus Südosteuropa und Asien, erst die Römer machten ihn in Mitteleuropa heimisch. Heutige Sportfischer schätzen ihn als dicken Brocken. Städter erblicken diesen Fisch vornehmlich an Weihnachten und Silvester – auf dem Teller. Doch auch lebende Karpfen sind schön anzusehen. Die teilweise über vierzig Kilogramm schweren Tiere können in Teichen, Baggerseen oder langsam strömenden Flussarealen gesichtet werden.

Es ist faszinierend zu beobachten, wie diese Mini-Wale an die Wasseroberfläche kommen, um nach Futter zu schnappen. Ähnlich wie die Meeresriesen sind Karpfen friedliche Gesellen und fressen hauptsächlich Kleinstlebewesen, die am Gewässerboden leben. Aus der Kauplatte des Karpfens, dem sogenannten Karpfenstein, wird außergewöhnlicher Schmuck gefertigt. Im Mittelalter rankten sich zahlreiche Mythen um den Karpfenstein, der, gerieben und unters Essen gemischt, gegen zahlreiche Leiden helfen sollte.

Im Lauf der Jahrhunderte formte der Mensch den Karpfen nach seinen Bedürfnissen, entsprechend viele Zuchtformen existieren. Die berühmteste unter ihnen ist wohl der ostasiatische Farbkarpfen, besser bekannt unter dem Namen Koi. Als Haustiere werden diese farbenprächtigen Fische immer beliebter. Was in früheren Zeiten allein japanischen Adeligen vorbehalten war, ist heute in Deutschland ein weitverbreitetes Hobby. Bis zu 250.000 Euro kann ein einzelner Koi kosten, die Tiere sind auch Statussymbole und Wertanlagen.

Klar, dass da an der Gesundheit der schillernden Haustiere nicht gespart wird. Im Juni 2017 verletzte sich ein Koi im niedersächsischen Baddeckenstedt beim Liebesspiel an der Schnauze. Da der Oberkiefer gespalten war, drohte der Fisch zu verhungern. Ein Tierarzt fertigte eine Zahnspange aus Edelstahl und Gummi an, die dem lädierten Casanova auf die Schnauze genäht wurde. Kosten der einstündigen OP: vierhundert Euro.

gesichtet am:

43

Die Kellerassel

Allesverwerter und nahrhafter Snack

Wissenschaftlich	Häufigkeit	Lieblingsort
Porcellio scaber	🦫🦫🦫🦫🦫	unter Blumentöpfen

Durchschnittlich tummeln sich auf einem Areal von einem Quadratmeter Fläche und dreißig Zentimetern Tiefe fünfzig bis zweihundert Kellerasseln. *Porcellio scaber* zählt zu den Landasseln, von denen rund fünfzig Arten bei uns heimisch sind; weltweit gibt es mehr als 3.500 verschiedene Landasseln. Sie sind die einzigen Krebstiere, die dauerhaft an Land leben.

Großstädter müssen nur ein paar Blumentöpfe lüften, um mit großer Wahrscheinlichkeit Kellerasseln zu Gesicht zu bekommen. Nimmt man die Tiere auf die Hand, stellen sie sich tot und rollen sich wie ein Igel zusammen. Ihr stabiler Rückenpanzer schützt sie.

Der Gattungsname der Kellerassel ist wenig schmeichelhaft, denn *Porcellio scaber* bedeutet übersetzt »unsauberes Schweinchen«. Doch das geschmähte Krabbeltier hat in Wahrheit eine wichtige Funktion: Es verarbeitet die abgestorbenen Rückstände von Pflanzen und Pflanzenfressern und hilft so dabei, die Nährstoffe wieder dem Ökosystem zuzuführen. Die grauen Krebstiere verwerten einfach alles, sogar die eigenen Exkremente!

Auch kleine Tiere können für viel Chaos sorgen. Dies bewies eine Kellerassel, die im September 2016 im OP-Bereich eines Spitals in Oberösterreich gesichtet wurde. Aus Angst vor Bakterien und weiteren krabbelnden Artgenossen mussten alle fünf Operationssäle der Klinik für fast eine Woche geschlossen werden.

Maulwürfe, Kröten und viele andere Tiere lieben Kellerasseln als nahrhaften Snack, denn diese enthalten bis zu vierzigmal mehr Kalzium als vergleichbare Beutetiere, das stärkt den Exoskelett-Bau. Und da Kellerasseln sehr gesellig sind, kommen hungrige Tiere auch quantitativ auf ihre Kosten.

Unglaublich: Je höher die Konzentration von Metallen im Boden ist, desto größer werden Kellerasseln. Metalle wie Eisen, Chrom oder Kupfer werden von den Krebstieren verspeist und in kleinen Fettkügelchen eingelagert.

gesichtet am:

44

Der Kleiber

Nachmieter mit Sonderwünschen

Wissenschaftlich	Häufigkeit	Lieblingsort
Sitta europaea		Bäume

Der untersetzte Kleiber ernährt sich von Insekten, die er auf Blättern oder in den Ritzen der Borke aufspürt. Dank seiner starken Füße und Krallen kann er – einzigartig in unserer Vogelwelt – kopfabwärts die Bäume herunterlaufen. Naturentdecker finden den Klettervogel an städtischen Orten mit altem Baumbestand wie Parks, Alleen oder großen Gärten. Die Zahl der Kleiber in Deutschland kann je nach Nahrungsangebot von Jahr zu Jahr stark schwanken.

10 bis 15 Meter über dem Erdboden liegt die Kleiberhöhle durchschnittlich. Die Tiere wollen wohnungstechnisch hoch hinaus – nicht aus Prestigegründen, sondern um vor Fressfeinden sicher zu sein. Zum Hämmern eigener Höhlen fehlt dem zarten Vogel die Kraft, folglich ist er auf bereits vorhandene Bauten angewiesen. Diese werden jedoch aufwendig auf Kleiberstandard umgerüstet.

Fachmännisch verklebt der Kleiber – nomen est omen – den Höhleneingang und lässt nur einen winzigen Einstieg frei. Dieser ist exakt auf die zierliche Körpergröße des Höhlenbrüters zugeschnitten – wer fetter ist, bleibt draußen! 29 bis 32 Millimeter Durchmesser hat die perfekte Kleiber-Eingangstür, eine gute Abwehrstrategie gegen ungebetene Gäste.

Schon der Umbau des Eingangsbereichs benötigt ein bis anderthalb Kilo Lehm. Bei weniger als einem Gramm Frachtkapazität im winzigen Kleiberschnabel kommen so unzählige Transportflüge zusammen!

Doch damit endet die Arbeit des fleißigen Baumeisters nicht. Das Innere der Höhle wird aufwendig mit Rinden- und Holzstückchen ausgepolstert – über siebentausend davon wurden schon in Kleiberhöhlen entdeckt! Die Männchen bringen das Material herbei, die Weibchen prüfen und bauen es ein. Selbst nach dem Schlüpfen der Jungen wird weitergebaut, ähnlich wie der Kölner Dom ist so ein Kleiberheim niemals fertiggestellt!

gesichtet am:

45

Die Kleidermotte

Raupe Nimmersatt mit großem Modehunger

Wissenschaftlich	Häufigkeit	Lieblingsort
Tineola bisselliella	🐰🐰🐰🐰🐰	Kleiderschränke

Die Kleidermotte ist ein Schmetterling, genauer gesagt ein Nachtfalter. Im Gegensatz zu Schmetterlingen löst sie beim Menschen keine Verzückung aus, was nicht nur an ihrem tristen Äußeren liegt. Stadtbewohnern flattert die Kleidermotte gern beim Öffnen des heimischen Kleiderschranks entgegen. Panisch werden dann die Textilien auf Löcher untersucht, die Falter hektisch erschlagen. Doch die wahren Übeltäter sind die nimmersatten Larven, die man wesentlich schwerer entdeckt.

Die Raupen haben sich im Lauf der Jahrhunderte ganz auf unsere Lebensweise eingestellt, sie fressen in Haushalten bevorzugt Produkte aus tierischen Fasern wie Wolle oder Kaschmir. Auch Teppiche und Naturdämmstoffe fallen so dem kleinen Fashionkiller zum Opfer.

Um die Kleiderfresser auszuquartieren, ist regelmäßiges Staubsaugen ein guter Start. Mit Mottenpapier und Mottenkugeln sollte man hingegen vorsichtig sein; oft enthalten sie Gifte, die auch für uns schädlich sind. Ungefährlicher, aber im Zweifel auch weniger wirkungsvoll, sind Lavendelsäckchen, Lavendel- oder Zedernöl sowie Zedernholzstücke. Zur biologischen Bekämpfung können auch Schlupfwespen eingesetzt werden.

Lockstofffallen mit Pheromonen sind ein zweischneidiges Schwert. Der Klebestreifen, durchsetzt mit einem Sexuallockstoff, soll eigentlich Herrn Kleidermotte schachmatt setzen und so weiteren Kindersegen verhüten. Doch die Pheromone lotsen oft nicht nur die Männchen ins Verderben, sondern sprechen auch eine Einladung an die gesamte mottige Nachbarschaft aus.

Anfang 2017 sonnten sich Kleidermotten in Kassel in medialer Aufmerksamkeit, sie hatten in der Neuen Galerie an einem Filzanzug des Künstlers Joseph Beuys geknabbert. Nach Entdeckung des Angriffs musste das Werk sechs Wochen lang in einer Stickstoffkammer behandelt werden.

gesichtet am:

46

Der Große Kohlweißling

Hochzeitsgast der etwas anderen Art

Wissenschaftlich	Häufigkeit	Lieblingsort
Pieris brassicae	🐰🐰🐰🐰🐰	Brachen

Dieser cremeweiße Schmetterling ist in Städten häufig zu bewundern. Er ist tagaktiv und kann ohne Probleme weite Strecken fliegen. Seine Raupen sind indes weniger beliebt: Wie der Name schon vermuten lässt, sind die Tierchen total auf Kohl fixiert. Ihr gelblich-schwarzes Design schreckt Fressfeinde ab, so können sich die Raupen in großen Gruppen versammeln und friedlich mampfen.

Großstädter können dem tagaktiven Insekt im eigenen Garten, auf Wiesen oder auf Brachen begegnen. Entdeckerempfehlung: Disteln, Wiesenschaumkraut und Schmetterlingsflieder zählen zu ihren Lieblingspflanzen, dort sollte man die Augen nach dem weißen Flieger offen halten, insbesondere von März bis Oktober. Grundsätzlich ist der Kohlweißling sehr genügsam und stellt an seinen Lebensraum keine großen Anforderungen. Das Flatterinsekt gehört zur Familie der Weißlinge, die weltweit etwa tausend Arten umfasst, 51 davon in Europa.

Uns Menschen ist das weiße Wesen ganz offensichtlich sympathisch. Eine Berliner Firma wollte daraus Profit schlagen und sorgte 2015 für Schlagzeilen, als sie ausgewachsene Große Kohlweißlinge zum Kauf anbot. In kleinen Briefchen versandt, sollten sie Hochzeiten, Taufen oder Geburtstagsfeiern unvergesslich machen, indem dort kleine Schwärme der weißen Falter in die Freiheit entlassen wurden.

Tierschützer waren von dem innovativen Service wenig angetan. Ihnen missfiel die Idee, Schmetterlinge als Partyartikel zu verwenden und die lebendigen Wesen auf dem Postweg zu verschicken. Auch im Netz schlug das Thema hohe Wellen, ein Sturm digitaler Empörung fegte durch Deutschland. Der Anbieter stellte darauf klar, dass die zarten Insekten vor dem Transport heruntergekühlt und so als wechselwarme Geschöpfe in einen Ruhezustand verfallen würden. Mittlerweile wurde die Verkaufswebseite vom Netz genommen.

gesichtet am:

47

Der Kormoran

Geschmähter Feind, gedrillter Freund

Wissenschaftlich	Häufigkeit	Lieblingsort
Phalacrocorax carbo	🐰🐰🐰🐰🐰	Flüsse

Einen unersättlichen Hunger auf Fisch soll er haben, keine natürlichen Feinde können ihm Einhalt gebieten ... Der Kormoran hatte in vergangenen Jahrhunderten einen ähnlichen Ruf wie Godzilla in japanischen Monsterfilmen. In den 1830er-Jahren wurden in Potsdam sogar Soldaten eines Gardejäger-Bataillons zum Kormorankillen abkommandiert. Und der Magistrat von Stettin belohnte den Fang eines Paares der angeblichen Schreckensvögel mit 2,5 Silbergroschen. Auch heute noch werden in Deutschland jedes Jahr Tausende dieser Vögel in die ewigen Jagdgründe geschickt.

Sympathisch und ein wenig urzeitlich schaut das geschmähte Federvieh aus, mit dem markanten Schlangenhals könnte es glatt als Urgroßneffe der Langhalssaurier durchgehen. Der Kormoran verspeist fast ausschließlich Fische, denen er geschwind hinterhertaucht. Das Menü stellt er sich ganz pragmatisch zusammen: Im Magen landet, was in dem jeweiligen Lebensraum häufig vorkommt und nicht allzu schwer zu fangen ist. Menschliche Berufsfischer schwören bis heute Stein und Bein, dass ihnen die hungrigen Beutejäger Unmengen von Fischen wegschnappen, was jedoch von Wissenschaftlern bestritten wird.

Die alten Chinesen waren da längst weiter, seit dem 5. Jahrhundert vor Christus setzen sie auf Zusammenarbeit statt Konfrontation. Noch heute kann man im Reich der Mitte bestaunen, wie abgerichtete Kormorane den Fang aufs Boot zu ihren Meistern zu bringen. Und diese uralte Tradition ist verdammt effektiv: In Japan wurden schon Fangleistungen von bis zu 150 Fischen in der Stunde beobachtet. Allerdings hindern die Asiaten den geschickten Fischervogel mit einem Halsring am Schlucken – so richtig fair ist diese Zusammenarbeit von Mensch und Vogel dann doch nicht! Am Ende wird der geschickte Jäger nur mit kleinen Fischstückchen oder Garnelen abgespeist. Kormorane aller Länder, vereinigt euch!

gesichtet am:

48

Der Kranich

Lustiger Trompeter

Wissenschaftlich   Häufigkeit   Lieblingsort

Grus grus   Felder

Viele Städter kennen ihn nur als Origami-Faltfigur und vom Leitwerk einer bekannten Airline. Dabei kündigt der Kranichüberflug auch in Großstädten den Wechsel der Jahreszeiten an. Nicht nur in China und Japan gilt der Kranich als Glücksbringer, und wenn man ihn bei der Balz anmutig tanzen sieht, kann man seine Beliebtheit gut verstehen.

Weltweit existieren 15 Kranicharten, abgesehen von Südamerika und der Antarktis besiedeln sie den ganzen Erdball. Seit 1998 wird der Kranich in Deutschland zwar nicht mehr als gefährdet eingestuft, dennoch genießen seine Brutgebiete sowie seine Sammel- und Nahrungsplätze besonderen Schutz.

Das hinderte im Mai 2017 einen Quadfahrer nicht daran, durch ein geschütztes Kranichbrutgebiet in Brandenburg zu rasen. Panisch flüchteten die Vögel, ein Küken wurde von seinen Eltern getrennt und später von Naturschützern völlig verängstigt auf einem Müllplatz wiedergefunden. Ein pensionierter Tierarzt und seine Frau gaben dem Jungvogel schließlich ein neues Zuhause. Mittlerweile ist »Charly« so sehr auf seine menschlichen Zieheltern fixiert, dass er ihnen auf Schritt und Tritt folgt und im Winter nicht – wie seine Artgenossen – gen Süden fliegen möchte. Apropos Brandenburg, das brandenburgische Rhin-Havelluch ist einer der größten Kranichrastplätze Europas. Über achtzigtausend Kraniche wurden hier an manchen Tagen schon gezählt.

Im Frühjahr und im Herbst düsen nicht nur Metallvögel, sondern auch etwa dreihunderttausend Kraniche über Deutschland hinweg. Etwa zweitausend Kilometer am Stück legen die Tiere – meist in schnittiger V-Formation – zu ihren Winterquartieren in Afrika oder Südeuropa zurück. Naturbegeisterten kündigen sich die gemächlich fliegenden Vögel durch lustige Trompetentöne an, die stark an eine Autohupe aus Opas Zeiten erinnern.

gesichtet am:

49

Der Große Leuchtkäfer

Lichtkünstler von nebenan

Wissenschaftlich	Häufigkeit	Lieblingsort
Lampyris noctiluca	🐇🐇🐇🐇🐇	Wiesen

Der Große Leuchtkäfer wird gemeinhin auch als Glühwürmchen bezeichnet. Dieser Name ist doppelt falsch: Erstens ist dieses außergewöhnliche Insekt ein Käfer, nur die flügellosen Weibchen erinnern mit ihren gleichförmigen Körpersegmenten an einen Wurm. Zweitens glüht der Käfer nicht, er leuchtet! Die Tiere erzeugen hierbei ein nahezu kaltes Licht. Während die herkömmlichen, mittlerweile in der EU verbotenen Glühbirnen den Strom nur zu fünf Prozent in Licht umwandeln, erreicht der Leuchtkäfer einen Wirkungsgrad von neunzig Prozent, Energieeffizienz pur!

Die Käfer besitzen spezielle Leuchtorgane, in denen eine komplizierte biochemische Reaktion abläuft. Städter, die nächtens durch Parks oder Wäldchen spazieren, können die leuchtenden, tänzelnden Pünktchen kaum übersehen. Besonders gute Sichtungschancen bestehen in der Nähe von Bächen und Flüssen. Glücklicherweise haben die Tiere lange Saison, sie sind von Mai bis September auf Tour.

Auch wenn es den menschlichen Beobachter entzückt, so wird das Spektakel natürlich nicht zu unserer Gaudi aufgeführt, sondern dient der Fortpflanzung. Die Weibchen klettern auf erhöhte Positionen wie Grashalme und signalisieren durch ihr Leuchten Paarungsbereitschaft. Interessanterweise leuchten auch die Männchen während ihrer Flüge – sogar die Larven, die Puppen und die Eier beteiligen sich an der Lichtinstallation. Den biologischen Sinn dahinter hat die Wissenschaft bisher nicht eindeutig feststellen können. Die Männchen leuchten übrigens ein wenig schwächer als die Weibchen.

Erwachsene Glühwürmchen fressen nicht mehr, da sie ihr kurzes Leben ausschließlich in den Dienst der Fortpflanzung stellen. Sie existieren nur von Luft und Liebe. Dafür verputzen die Larven während ihrer bis zu dreijährigen Entwicklung eine große Menge Schnecken. Getötet werden die schleimigen Gesellen durch einen Giftbiss.

gesichtet am:

50

Die Mandarinente

Farbenfrohe Exotin und Romantikerin

Wissenschaftlich	Häufigkeit	Lieblingsort
Aix galericulata	🐇🐇🐇🐇🐇	Parkteiche

Gewagter Schnitt, perfekte Farbkombi, extravagante Formen. Wenn die Mandarinente im Anflug ist, wird der Teich zum Catwalk. Herr Mandarinente reißt alle mit seinem Backenbart hin, die Flügelfedern sind wie ein Segel aufgestellt.

Die Ehegattin des Farbenfrohen setzt auf Abgrenzung, Minimalismus lautet ihre Strategie. Das graubraune Kleid ist Eleganz pur, der weiße Augenring wird perfekt durch einen gleichfarbigen Lidstrich ergänzt. Irgendwie asiatisch sieht sie dabei aus, und der Eindruck trügt nicht: Die Vorfahren der Mandarinente stammen aus Nordostchina und dem Amurgebiet.

Heute leben in ganz Europa geschätzte siebentausend Brutpaare, damit übertreffen sie den Bestand in ihrer ursprünglichen Heimat Asien. Vor allem im 20. Jahrhundert büxten zahlreiche Tiere aus Zoos aus oder wurden von Vogelfans absichtlich freigelassen. Obwohl scheinbar von zarter Konstitution, ist der bunte Exot ziemlich kälteunempfindlich und erobert sich scheu, aber beharrlich neue Lebensräume.

Empfehlung für Entdecker: Mandarinenten sind sehr ortstreu. Hat man einen Lieblingsplatz von ihnen entdeckt, wird man sie mit hoher Wahrscheinlichkeit auch in den nächsten Tagen und Wochen dort beobachten können. Und auch ihrem Partner sind die Schönlinge überraschend lange verbunden, viele Paare bleiben jahrelang ein Herz und eine Seele. Kein Wunder, dass die alten Chinesen die bunten Vögel als Symbole für eheliche Treue verehrten. Dass der zauberhaft schöne Vogel noch nicht ausgestorben ist, verdankt er der Beschaffenheit seines Fleisches: Es ist wenig wohlschmeckend!

Im Jahr 2011 sorgte eine ungewöhnliche Lovestory im Ruhrgebiet für Aufsehen. In Hagen erlag ein Stockerpel den Reizen einer weiblichen Mandarinente, das Paar zeugte sogar Nachwuchs. Leider sind solche Hybriden nicht fortpflanzungsfähig.

gesichtet am:

51

Der Siebenpunkt-Marienkäfer

Glücksbringer mit bitterer Note

Wissenschaftlich	Häufigkeit	Lieblingsort
Coccinella septempunctata		Wiesen

Etwa 5.500 Arten von Marienkäfern leben auf unserem Planeten, achtzig davon wurden bisher in Deutschland nachgewiesen. Der Siebenpunkt ist einer der häufigsten unter ihnen und auch in Städten weitverbreitet. Wie der Name vermuten lässt, zieren sieben schwarze Punkte das sympathische Insekt, das im Mittelalter von Bauern nach der heiligen Maria benannt wurde.

Seit undenkbaren Zeiten gilt die Sieben als Glückszahl, denn sie vereint die irdische Vier (gemeint sind die vier Elemente) mit der göttlichen Dreizahl. Bis heute deuten wir es als gutes Omen, wenn ein Marienkäfer auf uns landet. Auch der Käfer selbst ist ein Glückspilz, denn Vögeln schmeckt er zu bitter, und seine rote Farbe schreckt zusätzlich ab.

Glück bringen die gepunkteten Tierchen auf jeden Fall allen Pflanzenbesitzern, denn mit Heißhunger verschlingen sie Unmengen von Blattläusen. Der Siebenpunkt wurde als eines der ersten Insekten in der biologischen Schädlingsbekämpfung eingesetzt und reduziert durch seinen Appetit den Einsatz von Pestiziden und Insektiziden.

Ein Jahr dauert das Leben eines Siebenpunkts an, die Zahl der Punkte auf seinem Körper hat also nichts mit dem Alter zu tun. Zwischen Gras oder Laub überwintern die Punktkäfer in großen Kolonien, im Herbst beginnt die Suche nach geeigneten Quartieren.

Ausgerechnet die freundlichen Marienkäfer wurden 2015 im US-Staat Maryland für einen bizarren Streich missbraucht. Unbekannte Täter – wahrscheinlich Schüler oder Absolventen – drangen frühmorgens in die Chopticon High School ein und ließen 72.000 Marienkäfer frei. Wie in einem Horrorfilm waren Wände und Flure mit den Leibern Abertausender Käfer bedeckt. Stundenlang waren die Schulmitarbeiter damit beschäftigt, die possierlichen Tiere wegzusaugen. Die Täter haben die Insekten wohl im Internet geordert, auf einer Seite für natürliche Schädlingsbekämpfung.

gesichtet am:

52

Der Europäische Maulwurf

Grabungsprofi mit Supersinnen

Wissenschaftlich	Häufigkeit	Lieblingsort
Talpa europaea	🐰🐰🐰🐰🐰	unterirdische Ganglabyrinthe

Kleine Erdhügel auf grüner Wiese – das ist kein gutes Omen für Gartenbesitzer! Die typischen Maulwurfssouvenirs entstehen aus dem Aushubmaterial der Gänge, der Schlaf-, Nest- und Vorratskammern, die der schwarze Geselle gräbt. Mit dem Kopf beziehungsweise dem Rüssel schiebt das Tier die überschüssige Erde nach oben.

Obwohl der Maulwurf so entspannt ausschaut, kann er eine Grabgeschwindigkeit von bis zu sieben Metern pro Stunde erreichen. Der größte Teil des Gangsystems liegt nicht tiefer als mickrige zehn bis zwanzig Zentimeter. Nur bei Winterfrost oder Sommertrockenheit verlegt der Maulwurf seinen Lebensmittelpunkt in Tiefen von bis zu sechzig Zentimetern.

Gartenfans beschimpfen den Maulwurf völlig zu Unrecht als Möhren- oder Kartoffelvernichter. Dabei lockert das Tier den Boden auf und ist absolut kein Gemüsefan. Es verputzt vor allem Regenwürmer, Schnecken und Insektenlarven. Ab und zu frisst es auch mal Spinnen oder Mäuse. Bei der Jagd verlässt sich das fast blinde Tier auf sein fabelhaftes Gehör sowie seinen Tast- und Geruchssinn. Schon eine kleine Insektenlarve kann der Maulwurf perfekt in seinem – bis zu zweihundert Meter langen – Tunnelsystem hören. Zügig eilt er dann herbei und verputzt den Leckerbissen.

Maulwürfe sind Einzelgänger und bewohnen ein durchschnittlich zweitausend Quadratmeter großes Revier. Die schaufelartigen Vorderbeine ermöglichen ein enormes Arbeitspensum, das Tierchen kann Erdmassen vom Zwanzigfachen seines Körpergewichts bewegen.

So viel Arbeit macht hungrig: Die tägliche Futterration eines Maulwurfs entspricht in etwa dem eigenen Körpergewicht. Der Maulwurf steht unter Artenschutz, natürlich darf man ihn nur auf sanfte Weise hinauskomplimentieren. Einfach Holzpfähle in den Boden schlagen und regelmäßig dagegenklopfen, das dröhnt dem kleinen Kerl in den Ohren, und er sucht genervt das Weite.

gesichtet am:

53

Die Mehlschwalbe

Langstreckenflieger und Baumeister

Wissenschaftlich	Häufigkeit	Lieblingsort
Delichon urbicum		Außenseiten von Gebäuden

Die Mehlschwalbe wird auch als Stadtschwalbe oder Kirchschwalbe bezeichnet. Ihr weißer Bürzel hebt sich von der dunklen Oberseite ab, markant ist der tief gekerbte Schwanz. Städtische Mehlschwalben haben sich auf uns Menschen eingestellt und bauen ihre formschönen Nester an Dachrändern, Toreinfahrten, Betonbrücken oder Dachtraufen.

Wichtig für den erfolgreichen Eigenheimbau ist, dass der als Baumaterial verwandte Lehm an der Nistwand haftet. Das fertige Nest hat eine geschlossene Halbkugelform, das Einflugloch ist oben. Bis zu zwei Wochen dauert die Konstruktion, deren Material von Gewässerufern, Pfützen oder anderen feuchten Orten eingeflogen wird.

Mit Vorliebe brüten die Mehlschwalben in Kolonien. Aufgrund der herabfallenden Fäkalien lieben nicht alle Hausbesitzer die gefiederten Zuzügler. Das Abschlagen der Nester ist jedoch verboten, Naturschützer raten zum Anbringen eines Kotbretts.

Andere Vogelarten sind hingegen begeistert von den Schwalbennestern, so versuchen etwa Haussperlinge regelmäßig, diese zu kapern. Sie beschränken sich hierbei auf unfertige Nester, bei vollendeten Schwalbenheimen ist das Einflugloch für sie nämlich zu klein. Die Ernährung der Mehlschwalbe besteht hauptsächlich aus Insekten. Es ist wunderbar, wie die agilen Vögel ihre Beute im Flug erlegen. Ihr Futter beschaffen sie in einem Nestumkreis von maximal zwei Kilometern.

Besonders häufig kann man die Mehlschwalbe in Gewässernähe entdecken; hier gibt es ein üppiges Angebot von Leckerbissen wie Mücken, Eintagsfliegen und Schmetterlingen. Damit der Nachwuchs die eiweißreichen Insekten verdauen kann, werden diese vor dem Verfüttern eingespeichelt. Zum Überwintern fliegen die Mehlschwalben in großen Gruppen ins südliche Afrika und legen dabei bis zu zehntausend Kilometer zurück – das ist mehr als die Luftlinie zwischen Berlin und Kapstadt.

gesichtet am:

54

Der Mensch

Beobachter und Teil der Stadtnatur

Wissenschaftlich	Häufigkeit	Lieblingsort
Homo sapiens	🐰🐰🐰🐰🐰	Fernsehsessel

Zur Familie der Menschenaffen gehörend, ist der *Homo sapiens* der einzige Überlebende der Gattung *Homo*. Durch Funde in Afrika ist er seit etwa dreihunderttausend Jahren fossil belegt. Von seinen noch lebenden Verwandten steht ihm der Schimpanse stammesgeschichtlich am nächsten.

Nach den Regeln der Biologie sind Menschen – auch wenn es ihnen nicht behagt – Tiere. Mit dem Aufkommen produzierender Lebensweisen (Ackerbau, Viehzucht und Vorratshaltung) gaben sie ihr Dasein als Jäger und Sammler auf und läuteten so die Jungsteinzeit ein. Im Neolithikum entstanden dann erste Städte wie etwa Jericho, dessen frühe Siedlungsspuren in das 10. Jahrhundert vor Christus zurückreichen. Heute beherbergt die weltweit größte Metropolregion Tokio fast 38 Millionen Menschen.

Rastlos geht der Stadtmensch seinem Tagewerk nach. Sein Ziel ist es, durch Arbeit ausreichend Geld für seine Grund- und vielfältige Zusatzbedürfnisse zu verdienen. Die moderne Menschengesellschaft ist arbeitsteilig organisiert, so muss sich der Einzelne nicht mit der Futtersuche beschäftigen. Stattdessen beschafft er seine Nahrung – genau wie diversen modischen Fellersatz – im Tausch gegen Papierscheine und Metallstücke.

Bei so viel Aktivität bleibt oft wenig Zeit, soziale Beziehungen zu pflegen. Partnersuche und Fortpflanzung – Fixpunkte des Lebens aller anderen Tiere – gestalten sich mitunter kompliziert. Haustiere erfüllen deshalb vermehrt soziale Bedürfnisse.

Uns Stadtmenschen ermöglicht die Beobachtung der urbanen Tierwelt einen Zugang zu unseren eigenen Ursprüngen. Die Evolution ist das Band, das uns eng mit allen uns umgebenden Lebewesen verbindet. Sehr plastisch zeigt sich diese Verbindung in unseren ersten Lebensmonaten: Im kleinen Urmeer Fruchtwasser hat jeder die Evolution vom Einzeller zum Menschen durchlaufen.

gesichtet am:

55

Die Blaugrüne Mosaikjungfer
Schillernder Urzeit-Helikopter

Wissenschaftlich	Häufigkeit	Lieblingsort
Aeshna cyanea	🐰🐰🐰🐰🐰	Teiche

Bereits vor rund 320 Millionen Jahren flogen die ersten Libellen umher. Die Blaugrüne Mosaikjungfer ist eine der häufigsten heimischen Großlibellen. Bis zu acht Zentimeter wird ihr Körper lang, sie erreicht Flügelspannweiten von elf Zentimetern. Um ihre Neugierde zu stillen, fliegt sie mit Vorliebe ganz nah an uns Menschen heran – Hausbesuche inklusive.

Die schillernden Insekten können ihre beiden Flügelpaare unabhängig voneinander bewegen, sie verfügen über sogenannte Komplexaugen, die aus bis zu dreißigtausend Einzelaugen bestehen. Im Gegensatz zu uns sehen sie ihre Umwelt als grob gerastertes Mosaik, dafür können sie in hellem Licht Bewegungen bis zu sechsmal schneller erfassen als wir.

Ihre Furcht vor Libellen wollte im Juli 2016 eine Frau in Bayern nutzen, um sich ein gutes Alibi zu verschaffen. Die Sechzigjährige hatte während einer Autofahrt auf der A95 das Fenster geöffnet und einen Müllsack herausgeworfen. Polizeibeamten gegenüber erklärte die Umweltsünderin, mit dieser Aktion eine Libelle vertrieben zu haben, die sie im Fahrzeuginneren geängstigt hatte.

In geringer Flughöhe jagt die Libelle neben anderen Insekten auch Bremsen und Mücken, ihre Nähe ist daher für Menschen durchaus wünschenswert. Von Mai bis Oktober trifft man die Blaugrüne Mosaikjunger an langsam fließenden Gewässern, Tümpeln und Seen an, wo die Männchen auf Brautschau an den Uferbereichen patrouillieren. Mit etwas Glück kann man vor der Paarung den sogenannten Tandemflug bestaunen.

Die Larven, die im Frühling schlüpfen, leben räuberisch und lauern am Gewässergrund oder zwischen Pflanzen auf Mückenlarven, Bachflohkrebse und Kaulquappen. Zwei bis drei Jahre brauchen die Larven, bis aus ihnen eine ausgewachsene Blaugrüne Mosaikjungfer wird, bis zu 14-mal häuten sich die Tiere in dieser Zeit.

gesichtet am:

56

Die Nachtigall

Garant für Jugend und Schönheit

Wissenschaftlich	Häufigkeit	Lieblingsort
Luscinia megarhynchos		Parks

Rein optisch gibt die Nachtigall wenig her, ihr Gesang hingegen gilt als hinreißend schön. Weltberühmte Dichter wie Theodor Storm, Oscar Wilde oder William Shakespeare schrieben über den gefiederten Starsänger, Beethoven und Chopin ließen sich von ihm inspirieren. Männliche Nachtigallen haben 120 bis 260 unterschiedliche Strophentypen drauf, ihre Spezialität sind die sogenannten Pfeifstrophen – eine lange Serie reiner, gedehnter Pfeiftöne.

Zweck des Konzerts ist es natürlich nicht, uns Menschen eine Freude zu machen, vielmehr gilt es, die Herzensdame zu erobern! Ab dem zeitigen Frühjahr kann man nachts den Minnesang vernehmen, die meisten Männchen werden schon nach ein paar Wochen vom schönen Geschlecht erhört. Falls man den Ohrenschmaus noch im Mai vernimmt, dann steckt dahinter eine waschechte Tragödie: Hier singt ein müder, verzweifelter Junggeselle auf Suche nach Witwen und Nachzüglerinnen. Verheiratete Männchen trällern dann nur noch tagsüber, um Nebenbuhler aus dem Revier zu vergraulen.

Im Winter hält es den Schöngeist nicht im grauen, deprimierenden Deutschland, er flieht vor Schnee, Eis und Kälte nach Afrika. Berlin gilt übrigens als Paradies für Nachtigallen, Experten zählen hier um die 1.500 Reviere – das sind mehr als im ganzen Bundesland Bayern. Der Startenor hat sich übrigens dem Lärmpegel der Großstadt angepasst und singt hier um bis zu 14 Dezibel lauter als die ländliche Verwandtschaft.

Seit einigen Jahren wird in immer mehr Spas von London bis New York eine ganz spezielle Schönheitsbehandlung angeboten. Die Anwendung hört auf den klangvollen Namen »Geisha Facial«, kommt aus Japan und soll schon seit unendlichen Zeiten die Gesichtshaut von Geishas jugendlich erhalten. Kernzutat dieses angeblichen Jungbrunnens ist getrockneter Nachtigallenkot. Immerhin wird der Dung vor dem Auftragen sterilisiert und mit Reiskleie vermischt.

gesichtet am:

57

Der Nashornkäfer

Kompostliebhaber mit markantem Geweih

Wissenschaftlich	Häufigkeit	Lieblingsort
Oryctes nasicornis		Kompost

Walzenförmig, bis zu vierzig Millimeter lang, schwarz oder dunkelbraun gefärbt – so sehen viele Käfer aus. Der Nashornkäfer jedoch verfügt über ein äußerst markantes und exotisch anmutendes Horn, das auf der Oberseite des Kopfes sitzt, beim Männchen ist es lang und gebogen. Weibchen müssen sich an gleicher Stelle mit einem kurzen Horn oder einem Höcker begnügen.

Eigentlich leben Nashornkäfer in der Nähe abgestorbener Baumstämme oder dicker Äste. Der dort entstehende Holzmulm ist ihre Magenspeise. Mittlerweile hat sich das markante Tier auf unsere menschlichen Zivilisationsaktivitäten eingestellt und schätzt Sägemehl- und vor allem Komposthaufen als Domizil. Beim Umschichten des Komposthaufens können sich Naturfans auf Begegnungen mit dem Mini-Nashorn freuen! Die Tiere sind bei uns nicht mehr selten und fördern sogar die schnelle Verrottung des Komposts.

Vielleicht finden Sie aber auch keinen Käfer, sondern stoßen auf weiße, fingerdicke und etwa zehn Zentimeter lange Maden. Dann müssen Sie gar nicht enttäuscht sein, denn diese – weit weniger spektakulär aussehenden – Zeitgenossen stellen ein Larvenstadium des Nashornkäfers dar. Bis zu fünf Jahre leben sie munter im Kompost, bis sie sich in hühnereigroße Kokons verpuppen, die aus Sägemehl und Lehm bestehen. Der daraus schlüpfende Käfer selbst lebt leider nur kurz.

Das auffällige Kopfhorn der Männchen wird übrigens eingesetzt, wenn sie mit Rivalen um die Weibchen kämpfen. Es gibt übrigens auch männliche, hornlose Nashornkäfer. Diese sollten nicht allzu traurig ob ihres Defizits sein: Sie müssen nicht kämpfen, sondern können sich inkognito in die Nähe der Weibchen schleichen.

In Thailand ist es schon seit über hundert Jahren ein Wettsport, Nashornkäfer bei Kämpfen gegeneinander antreten zu lassen. Gewinner und Verlierer werden nachher gleich behandelt und in die Freiheit entlassen.

gesichtet am:

Die Nutria

Felllieferant aus Südamerika

Wissenschaftlich	Häufigkeit	Lieblingsort
Myocastor coypus	🐰🐰🐰🐰🐰	Flüsse

Auf den ersten Blick könnte man die Nutria mit einem Biber verwechseln – wäre da nicht der runde, nackte Schwanz. Außerdem ist das ursprünglich aus Südamerika stammende Tier deutlich kleiner als ein Biber und ähnelt eher einem Riesenmeerschweinchen.

Ab 1929 gelangten die Sumpfbiber als Felllieferanten nach Deutschland, im Laufe der Jahre entfleuchten einige Tiere aus den Pelzfarmen oder wurden freigelassen. Seither hat sich der südamerikanische Neubürger hierzulande etabliert und ist vorwiegend in Gewässernähe zu finden. Die Tiere sind tag- und nachtaktiv, als fast hundertprozentige Vegetarier knuspern sie Blätter, Stängel, Wurzeln und Wasserpflanzen.

Im August 2017 erweiterte eine Nutria im hessischen Wetteraukreis ihren kulinarischen Horizont. Das Tier war in einen Hühnerstall eingebrochen und tat sich am Futter gütlich. Als schließlich Polizisten und Jäger die Szene betraten, tauchte das experimentierfreudige Tier sprichwörtlich unter – in den nahe gelegenen Fluss Nidda.

Nutrias leben paarweise oder schließen sich Gruppen von gut einem Dutzend Artgenossen an. Da sie keinen Winterschlaf halten, können sie ganzjährig von Tierfreunden erspäht werden. Jedoch ist das deutsche Klima für die Südamerikaner nicht gerade optimal, daher ist keine Nutria-Invasion zu befürchten.

Die Südamerikaner wohnen in Schilfnestern oder graben Höhlen in Uferböschungen. Eine solche Höhle wurde im August 2017 beinahe einem Hund im niederrheinischen Neersen zum Verhängnis. Vielleicht ging der Jagdtrieb mit ihm durch, auf jeden Fall wagte sich Fiffi zu weit in das Nutria-Höhlensystem vor und fand nicht mehr heraus. Sein Herrchen befürchtete bereits das Schlimmste – hatten die exotischen Nager ihr Opfer kaltblütig totgebissen? Schließlich rückte die Feuerwehr mit einem Bagger an und fand einen völlig unversehrten, doch leicht desorientierten Hund.

gesichtet am:

Der Gemeine Ohrwurm
Nachtaktiver Blattlausvernichter

Wissenschaftlich | Häufigkeit | Lieblingsort
Forficula auricularia | | unter Blumentöpfen

Der Gemeine Ohrwurm, der knapp zwei Zentimeter lang werden kann, ist eigentlich eine wenig auffällige Erscheinung, wäre da nicht das gefährlich aussehende Paar Zangen am Hinterleib. Dieses unverwechselbare Merkmal hat ihm auch den wenig sympathischen Namen Ohrenkneifer eingetragen. Das Tierchen krabbelt uns aber nicht ins Ohr, um dann zuzubeißen! Der Name stammt daher, dass die Insekten in früheren Zeiten zerstampft und als Arznei gegen Ohrschmerzen angewendet wurden.

Die Zangen sind für uns Menschen völlig harmlos: Der Ohrwurm benutzt sie nur, um seine Beute zu ergreifen, die Flügel für seine seltenen Luftreisen zu entfalten und sich zu verteidigen.

Der Krabbler ist nachtaktiv, aber auch bei Tage kann man ihn mit wenig Mühe finden. Entdeckerempfehlung: Blumentöpfe anheben, Steine umdrehen oder mit der Taschenlampe in dunkle Ritzen leuchten. Der Gemeine Ohrwurm frisst sowohl pflanzliche als auch tierische Nahrung, sein Speiseplan reicht von Früchten, Samen und Pflanzenteilen bis hin zu anderen Insekten. Er verputzt auch gern Blattläuse.

Im Frühjahr und Herbst legen die Weibchen bis zu neunzig Eier in unterirdische Brutnester. Bemerkenswert ist, dass die weiblichen Ohrwürmer Brutpflege betreiben. Sie bleiben stets nahe ihres Geleges, reinigen die Eier, sondern verpilzte Eier aus und verteidigen ihren Nachwuchs sogar gegen Fressfeinde.

Dass Ohrwürmer bei den wirklich wichtigen Dingen im Leben auf Sicherheit setzen, bewiesen japanische Forscher im Jahr 2001. Werden Männchen der Art *Euborellia plebeja* bei der Paarung gestört, kann es passieren, dass ihnen der Penis in der Aufregung abbricht. Für diesen Fall besitzen die findigen Insekten noch ein zweites Geschlechtsorgan in Reserve, das voll funktionstüchtig ist.

gesichtet am:

Der Gemeine Regenwurm

Segmentierter Schwerstarbeiter

Wissenschaftlich	Häufigkeit	Lieblingsort
Lumbricus terrestris	🐇🐇🐇🐇🐇	naturnahe Gärten

Der Gemeine Regenwurm – auch Tauwurm oder Aalwurm genannt – ist eine der häufigsten Regenwurmarten Deutschlands, sie erreicht eine Länge von über dreißig Zentimetern.

Insgesamt 46 verschiedene Regenwurmarten leben bei uns, weltweit sind es über dreitausend. Der Körper des Gemeinen Regenwurms ist in bis zu 180 Segmente unterteilt, je älter er wird, desto mehr bekommt er. Durch das Strecken und Zusammenziehen seiner einzelnen Körpersektoren gleitet das Tier vorwärts.

Bis zu drei Meter tief gräbt der Regenwurm seine Gänge. Seine hauptsächliche Nahrung bilden leicht verweste Pflanzenteile, die er in seine Wohnhöhlen zieht und dort verdaut. Ein Regenwurm verspeist pro Tag etwa die Hälfte seines Eigengewichts und produziert dabei jede Menge nährstoffreichen Kot, der die Erde düngt und so die Landwirtschaft unterstützt.

Zudem belüftet das Tier durch sein unermüdliches Graben den Boden, weshalb es in früheren Jahrhunderten, völlig zutreffend, »reger Wurm« genannt wurde. Im Laufe der Zeit wurde daraus sein heutiger Name, Regenwurm.

Mit Regen hat das Tier hingegen wenig am Hut. Die Vibration der Tropfen lockt den Regenwurm lediglich an die Oberfläche, wo jedoch nur Verderben auf ihn wartet: zerstörerisches UV-Licht, hungrige Vögel und menschliche Quadratlatschen. In den Wassermassen ertrinken können die nützlichen Tiere übrigens nicht: Regenwürmer atmen durch die Haut, solange Sauerstoff im Wasser ist, kommt der Wurm also auch im nassen Element prima klar.

Angst lässt uns die Dinge mitunter größer erscheinen, als sie tatsächlich sind. So ging es im Mai 2015 auch einer Dame im hessischen Darmstadt: Nach dem Waschen des Salats entdeckte sie im Becken ein Wesen, das sie als kleine Schlange identifizierte. Die herbeigerufene Polizei nahm sich des Falls an und rettete einen etwa sechs Zentimeter langen Regenwurm aus dem Waschbecken.

gesichtet am:

61

Das Reh

Hungriger Gartengast mit Panoramalinse

Wissenschaftlich	Häufigkeit	Lieblingsort
Capreolus capreolus		Wäldchen

Rehe existierten seit 25 Millionen Jahren und leben meist als Einzelgänger, nur im Winter schließen sie sich zu Gruppen zusammen. Ursprünglich kommen sie in dichten Wäldern vor, heute fühlen sie sich in zahlreichen Vegetationsformen – Feldern, Parks und Wäldchen – zu Hause. Sogar bis in die Hausgärten wagen sich die eigentlich scheuen Tiere inzwischen vor. Zu verlockend ist dort der reichlich gedeckte Tisch: Rosenknospen, frische Triebe, Blumen sowie Erdbeeren zum Dessert.

Nur männliche Rehe tragen den markanten Kopfschmuck, das Gehörn. Es kann bis zu sechshundert Gramm wiegen und ist unverzichtbar beim Kampf mit Nebenbuhlern. Im Zeitraum von Oktober bis November wird es abgeworfen, danach setzt sofort die Bildung eines neuen Kopfschmucks ein.

Die Anpassungsfähigkeit der Rehe ist fast unbegrenzt. So wurde Kitz »Mia« anno 2011 als Waise von einer Jägerfamilie in der Eifel adoptiert und wuchs dort mit zwei Hunden auf. Schon bald hielt sich »Mia« selbst für einen Hund und probierte gar vom Hundefutter.

Um Rehe zu sichten, sollte man in der Dämmerung die Augen offen halten, besonders geeignet sind Übergänge von Wäldern zu Wiesen. Entdeckerempfehlung: Man sollte kein Parfum verwenden, denn Rehe riechen uns Menschen aus einer Entfernung von dreihundert bis vierhundert Metern. Die Augen der Rehe stehen seitlich und ermöglichen es ihnen so, einen breiten Umkreis zu scannen, ohne den Kopf zu bewegen. Die Tiere reagieren dabei vor allem auf Bewegungen, unbewegte Objekte können sie nur schwerlich ausmachen. Wenn Rehe gestört werden, stoßen sie bellende Laute aus, die ziemlich unheimlich klingen können.

Eine Joggerin im oberbayerischen Eching wurde im Mai 2011 hinterrücks von einem Reh angegriffen. Die 44-Jährige fackelte nicht lange und nahm das Tier in den Schwitzkasten, worauf es von der Frau abließ. Wahrscheinlich hatte ein Hund das Reh in Panik versetzt.

gesichtet am:

62

Die Ringelnatter

Meisterschwimmerin und Showgröße

Wissenschaftlich	Häufigkeit	Lieblingsort
Natrix natrix	🐰🐰🐰🐰🐰	Teiche

Ausgewachsene Ringelnattern sind bis zu 120 Zentimeter lang, vereinzelt wurden sogar noch gewaltigere Exemplare gesichtet. Beim Spaziergehen einem derart Ehrfurcht gebietenden Reptil zu begegnen, ist ein wirkliches Erlebnis!

Aufmerksame Beobachter werden dabei zwei helle Halbmonde am Hinterkopf der Natter wahrnehmen – ein unverwechselbares Merkmal. Häufig findet man die Reptilien an Seen, Teichen, Feuchtwiesen und Sümpfen. Frösche und Kröten stellen die Leibspeise der Ringelnatter dar, auch Kleinsäuger, Fische, Vögel, Wirbellose und Eidechsen werden nicht verschmäht. Bemerkenswert: Ringelnattern sind ausgezeichnete Schwimmer und Taucher. Besonders in den Morgenstunden sieht man die Schlange flink ihre Kreise im Wasser ziehen.

Ringelnattern sind wechselwarm. An warmen Tagen flüchten die scheuen Geschöpfe blitzschnell in Felsspalten oder Bodenöffnungen. An kälteren Tagen oder am frühen Morgen ist die Fluchtdistanz kleiner, sodass man die Reptilien ausgiebiger studieren kann.

Im Juni oder August legen die Weibchen die Eier ab. Clever: Sie ziehen dabei Standorte vor, die durch Verrottung organischer Materialien Wärme produzieren, beispielsweise Kompost-, Mist- oder Schilfhaufen. Urbane Ringelnattern setzen mittlerweile zur Eiablage auf Fernwärmeleitungen.

Trotz ihres exotisch wirkenden Äußeren sind die Tiere für uns Menschen völlig harmlos. Wenn sie keine Chance zur Flucht haben, lassen sie ihren Körper durch Aufblähen oder Abflachen größer erscheinen. Mit Zischen und Scheinbissen zieht die Ringelnatter eine angsteinflößende Show ab!

Davon konnte sich im Juli 2016 auch der Bewohner eines Hauses in Idstein überzeugen: Durch eine offene Balkontür hatte sich eine Ringelnatter in eine Wohnung geschlängelt und fauchte den völlig verdutzten Bewohner an. Polizisten konnten den wilden Gast mit einem Kescher hinauskomplimentieren.

gesichtet am:

63

Die Ringeltaube

Genie mit Imageproblem

Wissenschaftlich	Häufigkeit	Lieblingsort
Columba palumbus	🐰🐰🐰🐰🐰	Bahnhöfe

Ein wenig zu klein erscheint der Kopf im Vergleich zum übrigen Körper – böse Zungen behaupten, dass die Ringeltaube die Physiognomie eines Bodybuilders hat. Von denselben Leuten wird die Taube auch als »Ratte der Lüfte« geschmäht.

Die Ringeltaube schätzt Parks, Gärten, Friedhöfe und Alleen und wohnt gern in hohen Bäumen und Hecken. Das tiefe Gurren der Tiere gehört zum Stadtsound wie Autohupen und Handyklingeln. Der Balzflug der Taube gleicht einer Flugshow: kurzer Aufstieg, Flügelklatschen, schräges Abwärtsgleiten. Obgleich als Friedenssymbol verehrt, sind Tauben durchaus streitbar, Revierkämpfe werden unerbittlich ausgetragen.

Und bloß weil der Kopf vielleicht ein wenig zu klein geraten ist, sind die Vögel keineswegs schwer von Kapee: Amerikanische Forscher bildeten Tauben dazu aus, in Gewebepräparaten bösartige Tumore von gesundem Gewebe zu unterscheiden. Die Wissenschaftler präsentierten entsprechende Fotos auf dem Bildschirm, und die Tauben durften das Gesehene mittels zweier Tasten zuordnen; zur Belohnung winkte Futter. Am Ende erreichten die Tiere eine Erfolgsquote von über achtzig Prozent.

Wie clever Tauben sind, zeigte sich bereits vor zwei Jahrzehnten im fränkischen Forchheim. Damals legte man auf dem Rathausplatz in Alkohol getränkte Brotstückchen aus, um sich der Tauben zu entledigen. Die Vögel sollten sich betrinken, umfallen und schließlich eingesammelt werden. Der Plan ging nicht auf: Die trinkfesten Tauben schliefen ihren Rausch lieber auf sicheren Dächern aus.

Ringeltauben sind Vegetarier und stehen total auf Samen, Knospen und Beeren, erst durchs Füttern wurden sie in Städten zu großen Brotfans. Ganz egal wer die Tauben derart verwöhnt, er sollte schleunigst damit aufhören! Denn von zu viel Brot bekommen die klugen Tierchen die Zuckerkrankheit. Krank durch zu viel Junkfood – Tauben und Menschen sind sich doch so ähnlich!

gesichtet am:

64

Der Goldglänzende Rosenkäfer

Schmuckstück mit Sonnenfaible

Wissenschaftlich	Häufigkeit	Lieblingsort
Cetonia aurata	🐰🐰🐰🐰🐰	Rosen

Wie ein kleines Schmuckstück schimmert das Insekt in metallisch grüner bis kupfergoldener Färbung. Keine Frage, der Goldglänzende Rosenkäfer ist eine auffällig schöne Erscheinung! Bereits die Kelten verehrten dieses Insekt als Glücksbringer.

An kühlen, trüben Tagen sitzt dieses Juwel ruhig in Blüten oder an Pflanzen; vor allem auf Rosen, Obstgehölzen und Holunder sollte man nach dem Prachttier Ausschau halten. Ist es warm und sonnig, umschwärmt der Goldglänzende Rosenkäfer blühende Pflanzen und verrät sich durch ein tiefes Brummen. Geflogen wird mit geschlossenen Flügeldecken, die Hautflügel schiebt er seitlich heraus. Genüsslich labt sich der Käfer an süßen Pflanzensäften und verputzt Pollen sowie zarte Pflanzenteile. Ein gefährlicher Schädling ist der Goldglänzende Rosenkäfer nicht.

Im Frühsommer legen weibliche Rosenkäfer ihre Eier in den Boden ab. Die bis zu vier Zentimeter langen Larven heißen Engerlinge. Ihr Lebensraum sind verfaulende Holzreste, und auch im Komposthaufen fühlen sie sich wohl. Sollten Sie die Engerlinge beim Umsetzen des Komposts finden, dann lassen Sie die Tierchen am besten in Ruhe. Sie futtern nur verrottete Pflanzenteile und Holzmulm. Zwei bis drei Jahre dauert die Entwicklung, die Larven sind fabelhafte Kompostbewohner, da sie Holzbestandteile verwerten.

Forscher aus den USA und Singapur sorgten im April 2016 mit einem ganz besonderen afrikanischen Rosenkäfer für Aufsehen. Dank reichlich Hightech haben die Forscher aus dem Insekt eine biologische Drohne gemacht: Sie brachten auf dem Tier einen Funkempfänger samt Minicomputer und Batterie an und koppelten Elektroden mit Muskelpartien an Beinen, Flügeln und den Sehorganen. Fortan konnte der Käfer mittels Impulsen ferngesteuert werden. In Zukunft könnte der Cyberkrabbler beispielsweise eingesetzt werden, um Verschüttete in eingestürzten Gebäuden aufzuspüren.

gesichtet am:

Der Rotfuchs

Musikgenie und ausdauernder Liebhaber

Wissenschaftlich

Häufigkeit

Lieblingsort

Vulpes vulpes

Parks

Gerissen und vorausschauend, so wird er in Fabeln beschrieben. Warum nur wurde gerade mangelnde Vorsicht Gevatter Reinecke im Januar 2017 im baden-württembergischen Fridingen zum Verhängnis? Das in der Donau ertrunkene Tier fror im Fluss ein und wurde von einem Jäger wieder herausgesägt. Das Foto »Fuchs im Eisblock« beschäftigte Millionen von Menschen weltweit. Bizarr und unwirklich blickt der Rotfuchs aus der dicken Eisschicht hervor, selbst im Tode blieben seine Züge edel, geheimnisvoll und ein wenig schwermütig.

Ernsthafte Sorgen um unsere Füchse sind trotzdem unangebracht, es geht ihnen prächtig. Kaum ein Waldtier hat sich so perfekt in unseren Großstädten eingerichtet wie Reinecke, der übrigens zur Familie der Hunde gehört. Wie seine bellende Verwandtschaft hat er die Angst vor uns Menschen schon lang verlernt, und unsere üppigen Essensreste munden ihm vorzüglich.

Auch in der Welt der Musik ist der Überlebenskünstler zu Hause: Bellen, Schreien, Keckern, Trillern – alles kein Problem. Füchse können Töne bis zu einer Höhe von 65 Kilohertz wahrnehmen, dagegen endet unser Hörbereich bei 16 Kilohertz. Kurios: Mitunter wird der angeschwollene Penis des Männchens nach dem Akt noch eine Stunde in der Vagina des Weibchens gehalten. Während dieser hochnotpeinlichen Situation – Experten bezeichnen sie als Hängen – bleiben sich Herr und Frau Fuchs sprichwörtlich verbunden, allerdings in entgegengesetzte Richtungen blickend. Angeblich soll das Prozedere der Vaterschaftssicherung dienen.

Im Oktober 2017 sorgte ein weiteres Foto im Internet für Furore. Es zeigt einen Fuchs, der auf der Türschwelle eines Berliner Busses steht, zwei Artgenossen (wahrscheinlich Sparfüchse) warten unentschlossen im Hintergrund. Dergleichen käme häufig vor, geben die Verkehrsbetriebe zu Protokoll, neben Füchsen zählen auch Waschbären und sogar Wildschweine zu den Stammgästen.

gesichtet am:

Das Rotkehlchen

Kreativer Sänger mit Powerorgan

Wissenschaftlich	Häufigkeit	Lieblingsort
Erithacus rubecula	🐰🐰🐰🐰🐰	Parks

Schwarze Knopfaugen sind süß, beim Rotkehlchen kontrastieren sie zusätzlich mit der orangeroten Kehle, Stirn und Vorderbrust. Jeder kennt Herrn und Frau Rotkehlchen, die stets im Partnerlook unterwegs sind. Dieser weitverbreitete Vogel findet sich selbst auf kleinsten Grünflächen ein. Da es sehr zutraulich ist, kann das standorttreue Kerlchen einfach beobachtet werden.

Unkompliziert sind auch die Futterpräferenzen des Rotkehlchens: Es steht primär auf Insekten, Spinnentiere und Regenwürmer. Im Gegensatz zu seiner geringen Körpergröße steht das immense Gesangsspektrum des Vogels, der seinen Ruf fortlaufend modifiziert: 275 unterschiedliche Motive wurden bisher nachgewiesen. Etwa eine Stunde vor Sonnenaufgang beginnt das Konzert, es endet erst nach Sonnenuntergang.

Der Gesang dient der Abschreckung von Eindringlingen aus dem Revier, wobei die Konkurrenten im Duett Lautstärken von bis zu hundert Dezibel erreichen – das ist in etwa so laut wie ein Gettoblaster. Alternativ hacken sich die Rivalen auch die Augen aus.

Neben den Nestern anderer Vögel nutzen Rotkehlchen auch Schuttplätze und Müllkippen als Brutstätten. Mit großer Kreativität bauen sie ihre Nester in Dosen, Töpfen, Eimern, Gießkannen oder Schuhen. Im April 2014 wurde so ein Motorrad der Bottroper Polizei außer Gefecht gesetzt: Ausgerechnet das warme Innere des Dienstgefährts hatte sich eine Rotkehlchenfamilie zum Nistplatz auserkoren. Pünktlich zu Ostern schlüpften dann sechs putzmuntere Piepmätze!

Das Rotkehlchen neigt bei Gefahr zur Schreckmauser. Dabei fallen ihm die sogenannten Steuerfedern aus. Diese erstaunlichen Fähigkeiten haben die Menschen um unzählige Mythen und Geschichten ergänzt. So erhielt der beliebte Vogel angeblich seine farbige Brust, als er Jesus am Kreuz einen Dorn aus der Krone entfernte und ihm ein Blutstropfen des Heilands ins Gefieder tropfte.

gesichtet am:

Die Schleiereule

Eleganter, lautloser Jäger

Wissenschaftlich	Häufigkeit	Lieblingsort
Tyto alba		**alte Bäume**

Mit ihrem herzförmigen weißen Gesichtsschleier und den schwarzen Äuglein ist die Schleiereule eine fast magisch anmutende Erscheinung. Der namensgebende Schleier sieht nicht nur fesch aus, sondern funktioniert auch wie ein Trichter, in dem sich der Schall sammelt. Mehr als dreißig Unterarten der Schleiereule wurden bisher beschrieben, sie zählt zu den am weitesten verbreiteten Vogelarten der Welt und kommt unter anderem in Afrika, Australien, Südamerika und Südasien vor.

Den Tag verbringt die Schleiereule vor allem dösend und bewegungslos an einem ungestörten Ruheplatz. In Städten sind das beispielsweise Kirchtürme, verlassene Gebäude oder Bäume – mit etwas Glück kann man sie dort in aufrechter Haltung sitzen sehen. In der Dämmerung können Naturfreunde das ganze Jahr hindurch der ortstreuen Schleiereule begegnen.

Gejagt wird im offenen Gelände, wo sie ihre Opfer, vor allem Nagetiere, durch lautloses Fliegen nur wenige Meter über dem Boden überrascht. Das weiche Gefieder und spezielle Zähnelungen an den äußeren Federn reduzieren das verräterische Fluggeräusch.

Allen Eulen gemein sind die kreisrunden, starr nach vorn gerichteten Augen, mit denen sie auch kleinste Lichtmengen zu nutzen verstehen. Da sie ihre Augen in den Höhlen nicht bewegen können, müssen sie beim Anvisieren der Beute ihren Kopf drehen. Bewegliche Halswirbel ermöglichen sensationelle Bewegungen von fast 270 Grad.

Trotz dieser ausgefeilten Ausstattung ist der Bruterfolg eng an ihr Nahrungsangebot gekoppelt: Nur wenn die Mäuse viel Nachwuchs haben, gibt es auch reichlich Eulennachwuchs. Seit Jahrtausenden leben Mensch und Schleiereule quasi Tür an Tür. Die Tiere sind deshalb eng mit vielfältigen abergläubischen Vorstellungen verknüpft. In einigen Gebieten gilt ihr Ruf als Todesomen, andernorts kündigt sich damit eine baldige Geburt an!

gesichtet am:

68

Der Siebenschläfer

Riesensiesta bevorzugt

Wissenschaftlich	Häufigkeit	Lieblingsort
Glis glis		Ihr Dachboden

Auf den ersten Blick kann der Siebenschläfer mit einem Eichhörnchen verwechselt werden. Tatsächlich gehört das plüschige Wesen jedoch zur Familie der Bilche, auch Schlafmäuse genannt. Ab Oktober beginnen die Tierchen ihren Winterschlaf in Erdhöhlen und frostgeschützten Gebäudebereichen.

Um für den rund siebenmonatigen Schlummer gerüstet zu sein, fressen sich die Siebenschläfer zuvor etwa das Doppelte ihres normalen Körpergewichts an. Zusätzlich reduzieren sie die Herzschlagfrequenz von etwa dreihundert auf maximal fünf Schläge pro Minute. Ihre Körpertemperatur fällt auf bis zu fünf Grad Celsius.

Lange, gelenkige Zehen und klebrige Sohlenballen sorgen dafür, dass die kleinen Kobolde an senkrechten Wänden oder Bäumen kraxeln können. Ihr Quartier beziehen sie gern unter Hausdächern und verschlafen dort den Tag. Nachts können die Winzlinge einen derartigen Lärm veranstalten, dass sie von menschlichen Mitbewohnern oft für Einbrecher gehalten werden.

Falls dem Siebenschläfer mal ein Fressfeind – etwa ein Marder oder eine Hauskatze – auf den Pelz rückt, reißt die Schwanzhaut an einer Sollbruchstelle ab. Dank ihres guten Gehörs und ihres Geruchssinns können sich die Bilche optimal im Dunkeln orientieren, noch wichtiger sind aber die bis zu sechs Zentimeter langen Schnurrhaare. Gleich einer Einparkhilfe zeigen sie präzise an, ob ein Tier beispielsweise durch einen Spalt hindurchpasst oder nicht.

Trotz dieser Supersinne wurde ein Siebenschläfer im September 2016 im Kassenhäuschen eines Reutlinger Freibads eingesperrt. Um zu entfleuchen, versuchte der tierische Gefangene, sich voller Panik in die Freiheit zu beißen, und löste dabei Alarm aus. Mehrere Streifenwagenbesatzungen umstellten das Areal und konnten nach kurzer Verfolgungsjagd ein äußerst erleichtertes Felltier in die Freiheit entlassen.

gesichtet am:

69

Das Silberfischchen

Liebhaber von Feuchtgebieten

Wissenschaftlich	Häufigkeit	Lieblingsort
Lepisma saccharina	🐟🐟🐟🐟🐟	Bibliotheken

Das Silberfischchen gehört tatsächlich zu den Fischchen, allerdings innerhalb der Ordnung der Insekten. Etwa 470 Arten der Fischchen – wissenschaftlich *Zygentoma* – sind weltweit bekannt, seit wahrscheinlich etwa dreihundert Millionen Jahren existiert diese Ordnung. Entsprechend genügsam ist deshalb das Silberfischchen, das seinen Namen dem stromlinienförmigen silbergrauen Körper verdankt. Ohne Anhänge misst das Tierchen etwa einen Zentimeter.

Die Winzlinge gehören zum festen Inventar vieler menschlicher Haushalte, sie scheuen das Licht, verbringen den Tag folglich an dunklen Orten, wie hinter Sockelleisten oder losen Tapeten. Beim nächtlichen Toilettengang huschen sie dem wenig erfreuten Städter gern über den Weg, der bei diesem Anlass die Flinkheit der Geschöpfe studieren kann.

Kulinarisch haben die Silberfischchen eine Vorliebe für stärkehaltige Stoffe, Bibliothekare fürchten das Insekt ähnlich wie den Bücherwurm. Fotos, Bucheinbände, Zucker, Haare, Baumwolle ... – ein menschlicher Haushalt muss ihnen als All-you-can-eat-Buffet erscheinen.

Es ist ein Mythos, dass die Silberwesen ein Anzeichen für Unreinheit sind, ihre Präsenz deutet vielmehr auf eine hohe Luftfeuchtigkeit in den eigenen vier Wänden hin. Die Winzlinge lieben es nämlich warm und feucht – vielleicht erinnert sie das ja an das Klima der Urzeit?

Um sie loszuwerden, hilft regelmäßiges Querlüften, am besten dreimal täglich. Eine gute Strategie ist es auch, die Tagesunterkünfte der Krabbler zu verschließen – Kampf den Ritzen und offenen Fugen! Falls sich doch nicht alle vertreiben lassen, muss man sich trotzdem nicht grämen. Die silbrigen Insekten werden von uns intuitiv als unsauber angesehen, sind aus hygienischer Sicht aber völlig ungefährlich. Tatsächlich gelten sie sogar als Nützlinge, da sie Schimmelpilze und Hausstaubmilben fressen.

gesichtet am:

70

Der Star

Imitationstalent und Massentourist

Wissenschaftlich	Häufigkeit	Lieblingsort
Sturnus vulgaris		**Bäume**

Stolz wie ein Opernsänger thront der Star auf erhöhter Position und trägt seine Werke vor, oft unter effektvollem Flügelschlagen. Selbstbewusst verwöhnt er das Publikum mit seinem immensen Repertoire: Schnalz-, Zisch- und Ratschlaute gepaart mit abfallenden und aufsteigenden Pfeiftönen. Gewürzt wird das Spektakel durch perfekte Imitationseinlagen: Hundegebell, Rasenmäher, die Rufe anderer Vögel. »Lass dich überraschen« lautet das Motto dieses experimentellen Soundkünstlers.

Oft wird der Star fälschlicherweise mit der Amsel verwechselt. Er ist jedoch etwas kleiner und gedrungener mit kurzem Schwanz. Außerdem schreitet der Star majestätisch, während die Amsel sich meist hüpfend fortbewegt.

Stare bewegen sich ganzjährig in Gruppen – und die können schon mal XXL-Format haben. So nächtigen jedes Jahr von Juni bis Oktober rund vierzigtausend Stare in den Kastanienbäumen beim Berliner Dom. Ihre An- und Abflüge verdunkeln den Himmel über der Hauptstadt. Winterliche Schlafgemeinschaften können schon mal über eine Million Tiere umfassen und gehen den Menschen dann so richtig auf den Zeiger.

Weinanbaugebiete, Kirschplantagen, Olivenhaine – wo die Stare auf ihrer Reise einfallen, sind Fressorgien angesagt, spätere Toilettengänge inklusive. Die geselligen Tiere würden als Hotelgäste keine guten Bewertungen bekommen. Früher versuchte man, die unerwünschten Besucher durch Gift oder Sprengstoff loszuwerden, heute behilft man sich, etwas friedfertiger, mit Netzen.

Es klingt wie die Anfangssequenz eines düsteren Hollywoodstreifens: Im November 2017 fielen im hessischen Bad Wildungen 46 Stare tot vom Himmel. Im Umkreis von fünfzig Metern um eine Hofeinfahrt lagen die Vogelleichen verstreut.

Zunächst standen die Behörden vor einem Rätsel, doch nach eingehenden Untersuchungen vermutete man ein unsanftes Zusammentreffen des Vogelschwarms mit einem Lkw oder Bus.

gesichtet am:

71

Die Gemeine Stechmücke

Vampir unter den Insekten

Wissenschaftlich	Häufigkeit	Lieblingsort
Culex pipiens	🐇🐇🐇🐇🐇	menschliche Körper

Schon mal von einer Mücke gestochen worden? Glückwunsch, Sie haben Bekanntschaft mit einer großen und weitverzweigten Familie gemacht, die mit 104 Arten in Mitteleuropa vertreten ist.

Die Gemeine Stechmücke kündigt sich durch ein etwa zehn Dezibel leises Summen an. Gerade so laut wie eine tickende Zimmeruhr ist das, kann einem aber spielend die wohlverdiente Nachtruhe rauben. Dabei interessiert sich nur Madame Stechmücke für unser Blut, das sie als Proteinquelle für die Eireifung benötigt. Mister Mücke süffelt nur Nektar und Pflanzensäfte. Übrigens: Die Mär vom süßen Blut stimmt nicht, Stechmücken reagieren vielmehr auf unsere Körperwärme und den Schweißgeruch. Vor allem aber orten sie das Kohlenstoffdioxid, das wir beim Atmen ausstoßen. Da Frauen mehr Körperwärme abstrahlen, werden sie auch häufiger gestochen.

In der Dämmerung und nachts wird primär gepiekt, nach der Landung warten die Mücken ein paar Sekunden, um sicherzugehen, dass sie nicht entdeckt wurden. Die Quälgeister suchen eine Hautstelle mit einem darunter liegenden Blutgefäß, setzen die Enden der Unterlippe auf die Haut und bohren die Mundwerkzeuge hinein. Während des Saugens schwillt der Hinterleib an und füllt sich mit Blut.

Der in die Wunde abgegebene Mückenspeichel verflüssigt den Lebenssaft des Opfers und verhindert ein Gerinnen des Blutes – das zarte Rüsselchen soll ja nicht verstopfen. Dies führt bei uns zum fiesen Juckreiz, mitunter auch zu Allergien.

Besonders stichgefährdet sind beim Sitzen die Fußknöchel, da die Mücken mit Vorliebe die tiefsten Punkte des Körpers anfliegen. Tipp: Socken über die Hosenbeine ziehen.

Bieten Sie dem Mückennachwuchs keine Herberge. Tabu sind alle Wasseransammlungen, in denen sie ihre Larven ablegen können, wie beispielsweise Regentonnen, Getränkedosen, Pflanzenuntersetzer und sogar Aschenbecher.

gesichtet am:

72

Der Steinmarder

Autosaboteur im Blutrausch

Wissenschaftlich	Häufigkeit	Lieblingsort
Martes foina	🐰🐰🐰🐰🐰	Parks

Das Markenzeichen des schlanken, lang gestreckten Steinmarders ist sein weißer, gegabelter Kehlfleck. Das anpassungsfähige Tier durchstreift städtische Parkanlagen und Gärten. Als exzellenter Kletterer quartiert er sich auch gern auf Dachböden ein und lehrt uns Menschen durch nächtliche Geräusche das Gruseln.

Tagsüber schlummern die Marder, die beste Zeit für ein Date mit ihnen ist die Dämmerung. Da städtische Steinmarder wenig menschenscheu sind, begegnet man ihnen immer öfter. Die Tiere sind Einzelgänger – wenn nicht gerade Paarungszeit ist, haben sie absolut keinen Bock auf Artgenossen. Jeder der kleinen Räuber bewohnt ein eigenes Territorium, das mit einem Sekret aus den Duftdrüsen markiert wird.

Steinmarder sind Allesfresser, stehen jedoch vor allem auf Fleisch: Kleinsäuger, Vögel, Frösche und Insekten zählen zu ihren Leibgerichten. Mitunter dringt der agile Jäger auch in Hühner- oder Taubenställe ein, wo die panische Reaktion der Vögel immer wieder zu einem Tötungsreflex führt – die Marder töten dann sämtliche Tiere im Stall, obwohl sie nicht alle fressen können.

Verständlich, dass unter diesen Umständen nicht jedermann den Marder liebt. So auch ein Mann in Thüringen, der den ungebetenen Gast mit einer Heißluftpistole vertreiben wollte. Bei dieser Aktion setzte er leider die Fassade seines Hauses in Brand; es entstand ein Schaden von fünftausend Euro. Ob sich der Marder retten konnte, wurde nicht geklärt.

Ansonsten sorgt der Steinmarder regelmäßig als »Automarder« für Schlagzeilen. Tatsächlich zerbeißt er mitunter Kabel, Schläuche und Dämmmaterial bei Pkws – allerdings nicht aus Freunde am Vandalismus, sondern aus Angst vor Konkurrenz. Er beißt nämlich nur in jene Stellen, die ein Artgenosse schon mit seinem Sekret markiert hat. Das Odeur der Kollegen macht ihn tierisch sauer!

gesichtet am:

73

Die Stockente

Eleganter Raser der Lüfte

Wissenschaftlich

Anas platyrhynchos

Häufigkeit

Lieblingsort

Parkteiche

Wie so oft in der Vogelwelt, drängen sich auch bei den Stockenten die Herren der Schöpfung optisch in den Vordergrund. Doch trotz der aristokratischen Note ihrer Kleiderpracht sind die Enten in Bezug auf ihre Brut- und Aufenthaltsorte keineswegs etepetete. Sie quartieren sich, ganz bodenständig, in nahezu jedem städtischen Gewässer ein. Diese Bescheidenheit sichert ihnen den Titel der häufigsten Schwimmente Europas. Nahrung finden die Vögel entweder auf der Wasseroberfläche oder beim Gründeln auf dem Gewässerboden – *Köpfchen in das Wasser, Schwänzchen in die Höh'.* Auch kulinarisch ist die Stockente nicht wählerisch: Alles, was einigermaßen verdaulich und verfügbar ist, wird probiert.

Herr Stockente kann übrigens auch Understatement. Während der Mauser begnügt er sich mit dem Schlichtkleid und ist dann kaum vom unscheinbaren Weibchen zu unterscheiden. Kleiderpflege liegt allen Stockenten im Blut, besonders wichtig ist ihnen die Imprägnierung. Dabei nehmen die Enten mit ihrem Schnabel Fett aus der Bürzeldrüse auf, die sich an der Schwanzwurzel befindet, und verteilen es großzügig im Gefieder.

Auch die Fortbewegung ist total raffiniert: Entspannt gleiten die Stockenten auf einem Luftpolster über die Wasseroberfläche. Die Luft kann zwischen dem Daunengefieder nicht entweichen und verhindert – gemeinsam mit dem Fettpolster unter der Haut – ein Auskühlen der Vögel. Mit einer Spitzengeschwindigkeit von rund hundert Kilometern pro Stunde gehören die Tiere übrigens zu den rasantesten Fliegern im Vogelreich. Dabei bewegen sie sich mitunter in unglaublichen Flughöhen von über sechstausend Metern: 1963 kollidierte über Nevada ein Flugzeug in 6.400 Metern Höhe mit einer Stockente!

Trotz ihrer Eleganz sind Stockenten keineswegs stocksteif. Der Name verweist vielmehr auf ihre bevorzugten Brutplätze: auf Stock gesetzte Weiden.

gesichtet am:

74

Die Stubenfliege

Hundehaufen- und Tortenliebhaber

Jeder kennt sie – keiner mag sie. Stadtbewohner müssen nicht lang auf Entdeckungsreise gehen, um die Stubenfliege zu Gesicht zu bekommen. Das flinke Tier mit den roten Augen macht gern Hausbesuche, kreist summend um unseren Kopf, landet auf dem Arm ... Egal ob im Badezimmer, in der Küche, im Schlafzimmer oder am Esstisch. Überall in der City treffen wir auf das lästige Tier, das fast auf dem ganzen Erdball vorkommt.

Wir Menschen produzieren eben alles, was so eine Stubenfliege gern verspeist: Müll, Kompost, Dung und Nahrungsmittel. Gern wollen wir uns des anhänglichen Gastes entledigen. Manch einer schlägt sogar mit der Zeitung zu und verfehlt das Tier fast immer! Dank ihrer riesigen Augen mit Rundumsicht können die Stubenfliegen blitzschnell reagieren und davonsausen, rund 330-mal in der Sekunde können sie mit den Flügeln schlagen. Haftplättchen an ihren sechs Füßen ermöglichen Spaziergänge an der Zimmerdecke – unerreichbar für uns.

Nur 42 Tage lebt das Kerbtier maximal, doch seine Fortpflanzungsrate gleicht diese Kurzlebigkeit spielend wieder aus. Im Sommer können Weibchen alle drei bis vier Tage neue Eier legen – bis zu vierhundert Stück pro Ablage! Obwohl sie nicht sticht, kann uns die Stubenfliege im Extremfall durchaus gefährlich werden. Ihren Rüssel taucht sie nämlich genauso gern in Hundehaufen wie in Schwarzwälder Kirschtorte. Auf diesem Weg können Infektionskrankheiten übertragen werden. Deshalb ist es ratsam, Speisereste schnell aus dem eigenen Haushalt zu entfernen. Lavendel- und Lorbeeröl halten zusätzlich Fliegen fern und duften prima.

Im Jahr 2014 wurde ein Video aus Indien im Internet stark diskutiert, das zeigt, wie ein Arzt unzählige Fliegenmaden aus dem Gehörkanal seines Patienten entfernt. Myiasis oder Fliegenmadenkrankheit nennen Mediziner dieses kuriose Phänomen.

gesichtet am:

75

Der Rote Amerikanische Sumpfkrebs

Fleischlieferant auf Wanderschaft

Wissenschaftlich	Häufigkeit	Lieblingsort
Procambarus clarkii		Teiche

Etwa zwölf Zentimeter Länge erreicht dieses Schalentier, heimisch ist es eigentlich auf dem amerikanischen Kontinent. Da der Rote Amerikanische Sumpfkrebs besonders häufig in Louisiana vorkommt, wird er auch Louisianakrebs genannt.

Der Ami ist der mit Abstand meistgezüchtete Süßwasserkrebs des Planeten. Jeder Stadtmensch, der schon mal Krebsfleisch im Supermarkt erwarb, hatte höchstwahrscheinlich kulinarischen Kontakt mit dem Sumpfkrebs. Neuerdings winken zusätzlich Begegnungen der quicklebendigen Art in städtischen Grünanlagen. Besonders bei Regenwetter kann man die markanten Pseudo-Hummer – etwa im Berliner Tiergarten – über Radwege und Straßen spazieren sehen!

Schuld daran sind nicht etwa kommerzielle Krebszüchter, vielmehr ist der rote Geselle bei Aquariumsbesitzern begehrt, da er recht einfach zu halten ist und ein friedliches Gemüt hat.

Es folgt immer dieselbe Geschichte: Im Lauf der Jahre entkamen zahlreiche dieser Haustiere oder wurden bewusst in Gewässern ausgesetzt. Der Allesfresser hat eine hohe Vermehrungsrate, ist ziemlich anspruchslos und schnappt sich gern Amphibien und Fische. Wirklich problematisch ist aber, dass der Amerikanische Sumpfkrebs eine Pilzerkrankung – die Krebspest – überträgt. Die Exoten selbst sind gegen diese tückische Krankheit immun, aber unsere heimischen Flusskrebsarten gehen daran zugrunde.

Sumpfkrebse wandern übrigens nicht durch die Parks, weil ihnen die Wasserqualität in ihrem alten Domizil nicht gefällt. Ziel der Spaziergänge ist es, neue Lebensräume zu erobern. Im August 2017 begann das Fischereiamt von Berlin damit, die Krebse im Neuen See, einem Gewässer im Großen Tiergarten, abzufischen. Die Experten hatten den Bestand lediglich auf etwa zweihundert Exemplare geschätzt, fanden aber mehr als dreitausend Sumpfkrebse.

gesichtet am:

76

Das Tagpfauenauge

Luftgaukler und Scheinaugenbesitzer

Wissenschaftlich	Häufigkeit	Lieblingsort
Aglais io	🦋🦋🦋🦋🦋	Parks

Das Tagpfauenauge ist eine der bekanntesten und häufigsten Schmetterlingsarten in Deutschland. Es hat sich optimal mit den menschlichen Eingriffen in die Natur arrangiert, seine Raupen fressen fast ausschließlich von der allgegenwärtigen Großen Brennnessel.

Die Falter sind wenig wählerisch, sie stehen auf über zweihundert verschiedene Nektarpflanzen. Im Frühjahr lieben sie besonders die Blüten von Weiden und Schlehen, im Sommer rote Blüten und im Herbst das reife Obst. Bei Spaziergängen im Grünen oder auf dem eigenen Balkon können Großstädter dem Tagpfauenauge begegnen, das mit seinen vier bunten Augen auf den Flügeln unverwechselbar ist.

Droht Gefahr, klappt der Schmetterling seine Flügel ruckartig auseinander und produziert ein zischendes Geräusch. Zoologen von der Uni Stockholm fanden heraus, dass Fressfeinde es vor allem wegen der vermeintlichen Augen mit der Angst bekommen, die ein proportional viel größeres Tier vorgaukeln. Faltet das Tier seine Flügel im Ruhezustand zusammen, ist es schlagartig mit der auffälligen Farbenpracht vorbei, es sieht dann nur noch aus wie ein schwarzes, verwelktes Blatt – die perfekte Tarnung.

Die Insekten sterben nicht mit den ersten Frösten, sondern überstehen die kalten Monate in Winterquartieren. In der Stadt können das Keller, Dachböden oder Garagen sein, sie bevorzugen geschützte und leicht feuchte Quartiere. Schon ab März ist der Flieger wieder auf Tour.

Auch die Schmetterlingsverwandtschaft ist sehr pfiffig: 2014 berichtete ein Wissenschaftler in einem Fachblatt darüber, wie Juliafalter in Costa Rica auf den Köpfen von Kaimanen landen und sich an ihren Tränen erfrischen. Die darin enthaltenen Salze sind an Land oft rar, vor allem für Pflanzenfresser. Krokodile, Alligatoren und Kaimane sondern beim Fressen ein Tränensekret ab – darauf geht auch die bekannte Redewendung von den Krokodilstränen zurück.

gesichtet am:

77

Das Taubenschwänzchen

Pseudo-Kolibri mit langer Reichweite

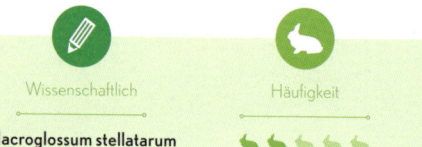

Wissenschaftlich	Häufigkeit	Lieblingsort
Macroglossum stellatarum	🐇🐇🐇🐇🐇	Blüten mit langem Kelch

Immer mehr Menschen behaupten steif und fest, im Garten einen Kolibri gesehen zu haben. Obwohl der wunderschöne Vogel ausschließlich in Amerika vorkommt, sind die Sichtungen keineswegs auf eine blumige Fantasie zurückzuführen. Denn das Taubenschwänzchen hat wirklich Ähnlichkeit mit dem Kolibri.

Mit rund achtzig Flügelschlägen in der Sekunde saust es von Blüte zu Blüte, die maximale Fluggeschwindigkeit beträgt unglaubliche achtzig Stundenkilometer. Vor jeder Blüte bleibt der Schmetterling wie ein Helikopter kurz in der Luft stehen, um den Nektar mit seinem Saugrüssel zu schlürfen, der wie ein langer, dünner Schnabel wirkt.

Auch der Hinterleib schaut auf den ersten Blick wie ein Schwanzgefieder aus, besteht jedoch aus verlängerten Schuppen. Mit ihnen kann das Taubenschwänzchen beim Schweben exzellent steuern.

Stadtbewohner können das schwirrende Insekt tagsüber in Gärten, Parks oder auf blütenreichen Balkons beobachten. Bevorzugt fliegt das Taubenschwänzchen zu Blüten mit langem Kelch wie Geranien und Lichtnelken. Hier kann es nämlich die Vorzüge seines drei Zentimeter langen Saugrüssels am besten einsetzen, der ihm nebenbei auch Fressfeinde wie Spinnen wortwörtlich vom Leibe hält.

Dank seiner Turbogeschwindigkeit tankt der Pseudo-Kolibri in nur fünf Minuten bei über hundert Blüten. Speed ist für dieses Insekt Trumpf, denn jeder unnötige Stopp lässt die Muskulatur auskühlen. Sogar an stark bewölkten oder regenreichen Tagen ist das Taubenschwänzchen auf Tour.

Ein Teil unserer heimischen Taubenschwänzchen überwintert an geschützten Orten wie in hohlen Stämmen oder Höhlen. Der Rest der Population fliegt in wärmere Gefilde. Wie ein Zugvogel kann das zarte Taubenschwänzchen gewaltige Strecken zurücklegen: Forscher beobachteten schon Exemplare, die mehr als dreitausend Kilometer flogen – in kaum mehr als 14 Tagen!

gesichtet am:

78

Der Teichfrosch

Grüner Presslufthammer

Wissenschaftlich	Häufigkeit	Lieblingsort
Pelophylax kl. esculentus		Gartenteiche

Haben Sie schon mal einen Teichfrosch gesehen oder gehört? Diese eigentlich ziemlich simple Frage erweist sich auf den zweiten Blick als recht kniffelig. Denn der Teichfrosch ist ein Hybrid aus dem Seefrosch und dem Wasserfrosch und trägt damit die Merkmale beider Arten. Je nach genetischer Disposition kann das Tier aber auch mehr dem einen oder dem anderen Familienzweig gleichen. Es ist wirklich kompliziert …

Weniger uneindeutig sind die Hüpfer hinsichtlich ihres Lebensraums. Der Teichfrosch ist mit nahezu jedem stehenden Gewässer einverstanden – nur genügend Sonnenlicht und Pflanzen müssen vorhanden sein. Naturfreunde haben es durch das Gequake der weitverbreiteten Amphibien leicht, sie in der Stadt zu orten.

Erzeugt werden die Laute durch zwei äußere Schallblasen, die sich an den seitlichen Mundwinkeln befinden. Nur die Männchen quaken von April bis zum Sommer. Ihr Ziel ist es, die Damenwelt für sich einzunehmen und das Revier zu markieren. Maximal neunzig Dezibel Lautstärke kann ein einzelner Teichfrosch erzeugen – lauter als ein Presslufthammer! Unzählige Gerichte mussten sich schon mit den Auswirkungen von Froschlärm befassen. Was ist wichtiger: geringe Lärmbelästigung oder intakte Natur?

Diese Problematik trieb anno 2010 in Krefeld einen Ruheliebenden dazu, auf die Bewohner eines Froschteichs zu schießen. Seinen eigenen Nachbarn will der Teichbesitzer bei diesem heimtückischen Amphibienmord beobachtet haben. Ausgerechnet sein Lieblingstier »Knötti« wurde tödlich von einer der Kugeln verletzt. Vermutlich aufgrund eines Gendefekts konnte just dieser Frosch nicht quaken, sondern nur leise knöttern. Im Mai 2011 wurde der Nachbar des Amphibienvaters – der die Tat bestreitet – zu 1.500 Euro Geldstrafe verurteilt. Allerdings nicht wegen Froschmords, sondern unerlaubtem Besitz von Waffen.

gesichtet am:

79

Der Europäische Triops

Überlebenskünstler in der Pfütze

Wissenschaftlich

Triops cancriformis

Häufigkeit

Lieblingsort

Pfützen

Versteinerungen der Gattung *Triops* – griechisch »der Dreiäugige« – wurden bereits in 220 Millionen Jahre alten Sedimentschichten entdeckt. Die maximal elf Zentimeter langen Krebstiere lebten also bereits mit den Dinosauriern zusammen!

Es mutet wie ein Wunder an, dass der *Triops* bis heute unverändert in seiner äußeren Gestalt geblieben ist. Fast der gesamten Körper wird von einem runden bräunlichen Rückenschild bedeckt, unter ihm lugt der typische gegabelte Schwanz hervor. Unzählige Beinpaare bewegen sich an der Unterseite wellenförmig auf und ab.

Wie konnte dieses Lebewesen derartige Zeiträume überdauern? Wahrscheinlich war es ihr Überlebensvorteil, dass sich die Krebstiere auf kurzzeitig bestehende Kleingewässer spezialisiert haben. Da diese Habitate den Großteil des Jahres trocken liegen und sich erst bei starken Regenfällen mit Wasser füllen, hat der *Triops* dort keine natürlichen Feinde. Die Urzeitwesen sind die Könige der Pfütze! Zudem sind sie in ihrem schlammigen Lebensraum perfekt getarnt. Mit Geduld, Glück und geübtem Auge kann man die Krebse in ihren Pfützen finden – zum Beispiel in Flussauen.

Ihr Leben ist ein Kampf gegen die Zeit, denn ihr Lebensraum kann jeden Tag austrocknen. Für zeitraubenden Sex bleibt da kein Platz, die *Triops* vermehren sich wenig romantisch auf ungeschlechtliche Weise. Nach dem Austrocknen der Pfütze warten die Eier auf ihre nächste Chance, und dabei sind sie verdammt geduldig – mehrere Jahrzehnte bleibt der Lebenskeim erhalten.

Übrigens: Die amerikanischen Artgenossen des unter strengem Naturschutz stehenden Europäischen Triops leben immer häufiger mitten in deutschen Städten – genauer gesagt in Kinderzimmern. Der Ami wird etwas kleiner als sein europäischer Verwandter, wächst aber schneller. Spannende Experimentierkästen mit Eiern, Mini-Aquarium und Futter sind ein Verkaufsschlager.

gesichtet am:

80

Der Turmfalke

Mäuseschreck mit Helikopter-Genen

Wissenschaftlich	Häufigkeit	Lieblingsort
Falco tinnunculus		Kirchtürme

Ursprünglich ein Felsbewohner, hat sich der Turmfalke perfekt ans urbane Leben angepasst. Gebrütet wird an Kirchtürmen, Masten oder anderen hohen Gebäuden. Da sie keinen aufwendigen Nestbau betreiben und ihre Eier ungeschützt an passenden Stellen ablegen, sparen die Turmfalken Zeit. Alternativ recyceln sie auch leer stehende Nester anderer Vögel.

Moderne Bauten weisen jedoch leider nur noch wenige Mauerlöcher und Höhlungen auf, Nischen in alten Gemäuern fallen durch Sanierungen weg. Deshalb nehmen die Greifvögel bereitgestellte Nisthilfen dankbar an.

Die Ernährung besteht vornehmlich aus Mäusen, die in Städten meist reichlich vorkommen. In schlechten Mäusejahren wird auf kleinere Vögel oder Insekten ausgewichen. Experten können die Speisekarte der Turmfalken ganz genau rekonstruieren, da die Tiere unverdauliche Reste im Magen zu sogenannten Gewöllen zusammenpressen und dann ausspeien.

Turmfalken kann man in Deutschland das ganze Jahr hindurch bewundern. Aufgrund des markanten Rüttelflugs sind sie auch auf größere Distanz zweifelsfrei zu erkennen. Wie ein Helikopter steht der Raubvogel dann am Himmel und späht, mit den Flügeln auf der Stelle schlagend, in bis zu vierzig Metern Höhe nach Beute. Hierbei ist der Körper aufgerichtet und der Schwanz als Stabilisierungsfläche breit gefächert. Hat er eine Beute ausgemacht, dann schießt er im Stoßflug herab. Aufgrund seiner geringen Fallgeschwindigkeit kann sich der Turmfalke wenige Zentimeter über dem Boden abfangen.

Städtische Falken müssen mitunter ganz schön weit fliegen, um Beute zu machen. So fliegen die Turmfalken, die im Turm der Münchner Frauenkirche brüten, je Maus nachweislich mindestens drei Kilometer weit. 2015 verfing sich einer dieser Falken unglücklich im Vogelschutznest des Gotteshauses. Spezialkräfte der Feuerwehr rückten an und befreiten den Unglücksvogel in sechzig Metern Höhe.

gesichtet am:

81

Der Waldmistkäfer

Musikus mit Fäkalienvorliebe

Wissenschaftlich	Häufigkeit	Lieblingsort
Anoplotrupes stercorosus		Parks

Sich hauptsächlich von Kot zu ernähren, ist für uns Menschen eine wenig erbauliche Aussicht. Für den Waldmistkäfer dagegen nicht: Fäkalien sind sein Leibgericht. Ab und zu kommen aber auch Baumsäfte und Pilze auf den Tisch.

Städter entdecken das schwarze Insekt bei Spaziergängen in Wäldchen oder Parks. Die Tiere kreuzen gern den Gehweg oder versammeln sich in größeren Gruppen auf frischen Hinterlassenschaften. Bilden sich bei Regen große Wasserpfützen auf den Wegen, ertrinken die armen Krabbler in den Fluten.

Laufen sich in der Paarungszeit Männlein und Weiblein über den Weg, betrillert der Käferkavalier seine Herzensdame mit den Unterkiefertastern und lässt kurze Werbelaute erschallen. Wie musikalisch die Käfer sind, können Sie selbst ausprobieren: Hält man sich ein solches Tier ans Ohr, sind Protestgeräusche deutlich zu vernehmen! Erzeugt werden diese, indem bestimmte Teile des Skeletts gegeneinander gerieben werden – Stridulation nennt das die Wissenschaft.

Herr und Frau Mistkäfer graben für ihren Nachwuchs Brutstollen ins Erdreich. In Kammern werden die Eier zusammen mit Kot deponiert, die Larven können sich so direkt nach dem Schlüpfen über einen großen Essensvorrat freuen!

Mehr als 150 verschiedene Mistkäferarten leben auf der Erde, elf davon kommen in Mitteleuropa vor – doch keine von ihnen ist so garstig wie einer ihrer Cousins aus Peru: *Deltochilum valgum* wurde 2009 von US-Wissenschaftlern entdeckt. Das Tier sieht wie ein ganz gewöhnlicher Mistkäfer aus, doch greift es mit Vorliebe große Tausendfüßler an, zerfetzt diese und frisst sie auf. Es nutzt dazu die scharfe, bezahnte Kante seiner »Oberlippe« wie einen Hebel. Der Killerkäfer scheint sich auf Tausendfüßler spezialisiert zu haben – ein seltenes Beispiel dafür, wie kleine Körper- und Verhaltensänderungen eine Art auf eine andere Stufe der Nahrungskette katapultieren können.

gesichtet am:

Die Wanderratte

Polizeihelfer mit Gemeinschaftssinn

Wissenschaftlich	Häufigkeit	Lieblingsort
Rattus norvegicus	🐰🐰🐰🐰🐰	Müllkippen

Die Wanderratte ruft bei vielen Städtern spontan Ekelgefühle hervor – beobachtet man die Tierchen aber mal ganz unvoreingenommen, so wird man feststellen, wie niedlich so eine Nagervisage ist. Keck schauen die beiden schwarzen Äuglein in die Welt, die fleischfarbenen Pfötchen sehen unseren menschlichen Händen verdächtig ähnlich ...

Das Sozialleben der Ratten ist, ebenfalls ziemlich menschlich, sehr eng ans Essen gekoppelt. Gibt es viel zu fressen und liegt die Quelle sehr konzentriert beispielsweise auf Müllkippen, dann schließen sie sich zu Familienverbänden (Clans) zusammen, deren Mitglieder sich am Geruch erkennen. Sehr sozial: Stärkere Ratten lassen schwächeren und Jungtieren beim Essen den Vortritt. Es wurde auch schon beobachtet, wie die Nager alten oder kranken Artgenossen Futterbrocken direkt an den Schlafplatz gebracht haben – Frühstück im Bett auf Rättisch!

Grundsätzlich stehen Wanderraten allem Neuen sehr skeptisch gegenüber – und zwar aus reinem Selbsterhaltungstrieb. Über lange Zeit versuchten die Menschen nämlich, sich per Giftköder der ungeliebten Nager zu entledigen. Mit eher mäßigem Erfolg: Sobald das erste Opfer sein Leben aushauchte, rochen die skeptischen Kollegen den Braten und mieden fortan das todbringende Mahl. Deshalb setzt man heute auf Gifte, die im Verlauf einiger Tage die Blutgerinnung hemmen. Allerdings werden inzwischen immer öfter Ratten entdeckt, die diese gut vertragen.

Die niederländische Polizei wiederum macht sich die Vorsicht der Wanderratten zunutze und setzt sie seit einigen Jahren erfolgreich bei der Verbrechensbekämpfung ein. Nach einer Ausbildung werden aus ihnen waschechte Spürratten, die Drogen oder Schmauchspuren erschnüffeln können. Durchschnittlich erreichen sie eine Erfolgsquote von über 95 Prozent – Ratten besitzen mehr als tausend verschiedene Geruchsrezeptoren. Wir Menschen haben nur 380.

gesichtet am:

Der Waschbär

Geschickter Handwerker aus Amerika

Wissenschaftlich	Häufigkeit	Lieblingsort
Procyon lotor	🐰🐰🐰🐰🐰	Bäume

Im Schutz der Dämmerung schleicht er aus seinem Versteck. Die schwarze Gesichtsmaske hebt sich schemenhaft vom gräulichen Fell ab, scheinbar bucklig bewegt sich das Geschöpf fort. Kaum ein tierischer Neubürger polarisiert so sehr wie der Waschbär. Sein ursprüngliches Verbreitungsgebiet erstreckt sich von Panama über Mexiko und fast die gesamten USA bis zum Süden Kanadas.

Im 20. Jahrhundert entkamen einige der putzigen Bären aus europäischen Pelztierfarmen oder wurden ausgesetzt. Seither wächst die Population rasant: Im Jagdjahr 2015/2016 wurden in Deutschland 128.100 Waschbären erlegt, sechzig Prozent davon entfielen auf nur drei Bundesländer: Hessen, Brandenburg und Sachsen-Anhalt. Wissenschaftler fanden jedoch heraus, dass die Waschbären die Abschüsse durch eine gesteigerte Fortpflanzungsrate wieder ausgleichen.

Als Allesfresser setzt der Waschbär sowohl auf Pflanzen als auch auf tierische Beute. Ob er unsere Vogelfauna tatsächlich zerstört, wie ihm gern vorgeworfen wird, ist bislang nicht wissenschaftlich erwiesen. Fest steht: Je vielseitiger die Natur ist, desto geringere Auswirkungen haben tierische Einwanderer wie der Waschbär.

Mit seinen Händchen ist das schmucke Pelztier sehr geschickt. Hausbesitzer sollten ihre Mülltonnen und Abfälle daher mit Spanngummis sichern, Bäume und Sträucher, die ans Dach reichen, sollten besser abgeschnitten werden. Nahrungsreste an öffentlichen Plätzen locken Waschbären an.

Im September 2017 bewies ein Waschbär im fränkischen Bergrheinfeld, dass er keineswegs ein Kind von Traurigkeit ist. Ein besorgter Bürger hatte die Polizei alarmiert, weil er ein vermeintlich sterbendes Tier auf einem Fahrradweg entdeckt hatte. Was die Beamten allerdings vorfanden, war ein volltrunkener Amerikaner.

Der Waschbär hatte in den nahen Weinbergen von vergorenen Trauben gekostet und sich dabei einen Rausch angefressen.

gesichtet am:

Der Gemeine Wasserläufer

Jesus der Stadtnatur

Wissenschaftlich	Häufigkeit	Lieblingsort
Gerris lacustris	🐇🐇🐇🐇🐇	Gartenteiche

Schon in rund hundert Millionen Jahre altem Bernstein finden sich fossile Spuren der Wasserläufer, die bereits in der Kreidezeit – als Tyrannosaurus rex und Triceratops noch lebten – spielend leicht über die Wasseroberflächen huschten. Auch der *Homo sapiens* des frühen 21. Jahrhunderts kann sich der Faszination des Wasserläufers kaum entziehen. Die filigranen Insekten zählen zu den Wanzen und erreichen Körperlängen von bis zu einem Zentimeter. Sowohl Körper als auch Beine sind mit einem dichten Filz bedeckt. Dieser besteht aus wasserabstoßenden Haaren und verhindert wirksam die Benetzung mit dem kühlen Nass sowie das Einsinken ins Wasser.

Die Fähigkeit, wie Jesus über das Wasser zu laufen, basiert vor allem auf der Oberflächenspannung des Wassers. Diese kann man sich ähnlich einer gespannten elastischen Folie vorstellen, die leichte und flache Objekte trägt. Das Laufen darauf erfolgt durch synchrone Bewegungen des mittleren Beinpaares. 2015 sorgten koreanische Forscher für Aufsehen, als sie der Weltöffentlichkeit einen robotischen Wasserläufer vorstellten. Mit seinem Gewicht von nur 68 Milligramm profitiert er ebenfalls von der Oberflächenspannung.

Meist gleiten die Wasserläufer ruckartig, mitunter machen sie aber auch weite Sprünge. Trotz seines friedlichen Aussehens ist der Gemeine Wasserläufer ein Räuber, der lebende oder tote Insekten verspeist, die ins Wasser gefallen sind. Geschickt ergreift der Wasserläufer seine Beute mit den kurzen Vorderbeinen, um sie dann mit dem Saugrüssel auszusaugen.

Interessanterweise treten über das Jahr verschiedene Formen des Insekts auf. So finden sich Tiere mit sehr langen, sehr kurzen oder gar keinen Flügeln. Die Überwinterung findet oft weit entfernt von den Wohngewässern statt, gut geschützt unter Steinen, Bodenstreu oder Baumrinde.

gesichtet am:

85

Der Wasserskorpion

Taucher mit eingebautem Schnorchel

Wissenschaftlich	Häufigkeit	Lieblingsort
Nepa cinerea	🐰🐰🐰🐰🐰	**Teiche**

Hat da etwa ein Tierhalter seinen Skorpion ausgesetzt? Ist hier ein gefährliches Tier aus dem Zoo ausgebüxt? Diese und ähnliche Fragen schossen wohl schon so manchem aufmerksamen Städter durch den Kopf – beim Blick in schlammige Tümpel oder stehende Teiche.

Ein seltsames Tier bewegt sich da durch die Fluten. Knapp zwei Zentimeter beträgt die Körperlänge, sein Vorderbeinpaar ist zu Fangbeinen umgebildet. Die Mittel- und Hinterbeine dienen der Fortbewegung. Gefährlich schaut das Wesen aus und erinnert wirklich auffällig an einen Skorpion. Es ist aber kein Skorpion, sondern ein Insekt, genauer gesagt eine Wanze.

Beharrlich lauert der Winzling im Schlamm oder an Wasserpflanzen auf Wasserflöhe, Insektenlarven, kleine Fische oder Kaulquappen. Nähert sich ein argloses Beutetier, so klemmt der Pseudo-Skorpion es mit seinen Fangbeinen ein, sticht es mit seinem Mundrüssel und saugt es aus. Am Hinterleib besitzt der Wasserskorpion ein etwa ein Zentimeter langes Atemrohr, das wie ein Schnorchel funktioniert.

Die Tiere halten sich zum Jagen die meiste Zeit nahe der Wasseroberfläche auf, mit bloßem Auge kann man sie im klaren Wasser gut ausmachen. Unter den Flügeln sammelt sich eine Luftblase, so sind die Insekten leichter als Wasser. Auch die Eier dieser bemerkenswerten Geschöpfe, von den Weibchen in Algenwatte oder Pflanzenteilen abgelegt, verfügen über mehrere Atemfäden. Diese stellen den Kontakt zur Wasseroberfläche her und garantieren die Sauerstoffversorgung.

Das Tier kommt auch in Städten recht häufig vor, stellt aber trotz seines bedrohlichen Äußeren keine Gefahr für den Menschen dar. Auf die Hand nehmen sollte man den exotisch aussehenden Gesellen aber lieber nicht, denn wenn er sich bedroht fühlt, dann sticht er mit seinem Saugrüssel zu, was ziemlich schmerzhaft sein kann.

gesichtet am:

86

Die Wasserspitzmaus

Giftspritze mit Taucher-Gen

Wissenschaftlich	Häufigkeit	Lieblingsort
Neomys fodiens	🐰 🐰 🐰 🐰 🐰	Kleingewässer mit guter Wasserqualität

Mit knapp zehn Zentimetern Länge ist die Wasserspitzmaus die größte Spitzmaus in Europa. Aus menschlicher Perspektive ist das natürlich nicht gewaltig. Addiert man jedoch den Schwanz dazu, erhöht sich die Körperlänge um gut sieben Zentimeter.

Die Winzlinge sind farblich so perfekt an ihren Lebensraum angepasst, dass man wirklich ganz genau hinsehen muss, um sie zu entdecken. Eigentlich mutet die Spitzmaus wie eine stinknormale Maus an, doch ihr Element ist das Wasser und nicht etwa die Speisekammer. Als städtischen Lebensraum braucht sie naturnahe, unverbaute Gewässer mit ausreichend Bewuchs.

Für ihr aquatisches Leben ist die Wasserspitzmaus mit Borsten an den Hinterfüßen ausgestattet, die den Vortrieb fördern. Die Unterseite des Schwänzchens ist mit einem Borstenkiel bestückt und dient als Steuerruder. Erbeutet werden Frösche, kleine Fische, Wasserinsekten und Kleinkrebse.

Tollkühn stürzt sich die Spitzmaus kopfüber ins kühle Nass, dabei halten die Schutzhaare des dichten Pelzes die Luft fest, sodass eine silbrige Luftglocke sie umhüllt. Obgleich sie so unschuldig aus dem Pelz schaut, ist die mausige Tauchakrobatin einer der wenigen giftigen Säuger in Mitteleuropa! Die Giftdrüsen unter der Zunge produzieren ein Sekret, das Beutetiere lähmt, bei uns Menschen bewirkt es aber nur eine Hautreizung.

Übrigens hat die Wasserspitzmaus verwandtschaftlich mit den echten Mäusen nichts am Hut. Sie gehört zur Ordnung der Insektenfresser, ihre Onkel sind also Igel und Maulwurf.

Die amerikanische Verwandte unserer heimischen Wasserspitzmaus schafft es sogar, unter Wasser Beute zu erschnüffeln. US-Forscher fanden heraus, dass sie unter Wasser behutsam kleine Luftblasen vor der Nase aufbläht und diese dann sofort wieder einatmet. Die Luft nimmt dabei Duftmoleküle aus der Umgebung auf, wodurch die Spitzmäuse ihre Beute orten können.

gesichtet am:

87

Die Weberknechte

Cowboys auf Stelzen

Wissenschaftlich	Häufigkeit	Lieblingsort
Opiliones	🐰🐰🐰🐰🐰	sonnige Wände

Ungefähr vierzig Weberknechtarten kommen in unseren Gefilden vor. Oftmals werden sie mit den ebenfalls langbeinigen Zitterspinnen verwechselt, man kann sie jedoch ganz leicht auseinanderhalten: Zitterspinnen besitzen einen deutlich zweigeteilten Körper, während Weberknechte kugelig wirken, ihr Hinter- und Vorderkörper sind miteinander verwachsen.

Spitznamen haben die Tiere viele. Je nach Region nennt man sie Schuster, Schneider, Opa Langbein oder Zimmermann. Ihr wissenschaftlicher Name *Opiliones* bedeutet »Schäfer«, in der Antike benutzten diese nämlich Stelzen, um ihre Herde zu überblicken. Wichtig: Weberknechte bauen keine Netze, da sie nicht über Spinndrüsen verfügen. Stattdessen haben sie Stinkdrüsen, die einen übel riechenden Stoff absondern – der kann wie wochenlang getragene Socken riechen.

Sonnige Wände oder Pflanzen in Parks und Gärten zählen zu den Lieblingsorten der Weberknechte. Winzige Gliederfüßer und tote Insekten stehen auf ihrer Speisekarte. Auf Mauern und am Boden gehen sie meist während der Dunkelheit auf Nahrungssuche. Tagsüber sind sie gesellig und finden sich in Ruhegemeinschaften an gemütlichen Stellen zusammen.

Die Beinchen der Weberknechte sind ungemein beweglich, sie können bei einigen Arten aus bis zu hundert Einzelgliedern bestehen. Wie ein Cowboy sein Lasso, kann das Krabbeltier seine Beine um Grashalme, Blätter oder Zweige schlingen. Obwohl die Achtbeiner völlig ungefährlich sind, sollte man sie besser nicht auf die Hand nehmen. Weberknechte besitzen nämlich Sollbruchstellen an den Beinen: Zur Ablenkung von Fressfeinden wird bei Gefahr ein Bein abgeworfen.

Im Jahre 2012 entdeckte ein deutscher Spinnenforscher in einer Kalksteinhöhle in Laos einen Riesen-Weberknecht. Die bisher unbeschriebene Art hat eine Beinspannweite von 33 Zentimetern, damit zählt die Neuentdeckung zu den größten Spinnen weltweit.

gesichtet am:

88

Die Spanische Wegschnecke

Schleimer mit Raspelzunge

Wissenschaftlich	Häufigkeit	Lieblingsort
Arion vulgaris	🐌🐌🐌🐌🐌	Ihre Salatbeete

Durchschnittlich zwölf Exemplare der Spanischen Wegschnecke leben auf einem Quadratmeter Kulturfläche, damit zählt der hauslose Geselle zu den häufigsten Schneckenarten hierzulande. Saftige Pflanzen bilden die Hauptnahrung der schleimigen Tiere.

Gefressen wird mittels der Raspelzunge, Radula genannt. Diese funktioniert ein wenig wie ein Schaufelbagger: Ein elastisches Band, besetzt mit winzigen Zähnchen, wird über einen knorpeligen Kern geführt. So werden Nahrungsstücke abgeraspelt und in den Schlund der Schnecke transportiert.

Zumeist in der Dunkelheit geht die Wegschnecke auf kulinarische Expedition, sie kann bis zu fünfzig Prozent ihres Eigengewichts in einer Nacht verdrücken. Droht Futtermangel, dann weicht der Nackedei auf nahezu alle heimischen Pflanzen aus, auch Aas wird nicht verschmäht.

Der Schleim hilft den Tieren, entspannt über alle möglichen trockenen Oberflächen zu gleiten, zudem bindet er Wasser und schützt so vor dem Austrocknen. Lange Zeit wurde angenommen, dass das gefräßige Wesen nach dem Zweiten Weltkrieg durch Obst- und Gemüselieferungen von der Iberischen Halbinsel zu uns gelangte. 2014 werteten Forscher Hunderte DNA-Analysen aus und stellten fest, dass die Schnecke mitnichten ein waschechter Spanier ist, sondern schon immer in Deutschland heimisch war!

Wegschnecken sind Zwitter, sie können sich auch gegenseitig begatten, und entsprechend fix wächst ihr Bestand. Hobbygärtner können ihre Schützlinge mit einem Schneckenzaun und mit Bierfallen vor Schnecken schützen.

Im Juni 2015 lustwandelte eine Dame durch einen Park im rheinland-pfälzischen Andernach. Plötzlich nahm sie vor sich im Gras ein komisches Etwas wahr, das verdächtig an einen abgetrennten menschlichen Finger erinnerte. Die herbeigerufene Polizei untersuchte den Tatort und identifizierte die angebliche Extremität als verstorbene Wegschnecke.

gesichtet am:

89

Der Europäische Wels

Publikumsliebling mit großem Appetit

Wissenschaftlich	Häufigkeit	Lieblingsort
Silurus glanis		Flüsse

Die Chancen, auch als ausdauernd beobachtender Naturfreund einen leibhaftigen Europäischen Wels zu Gesicht zu bekommen, sind zwar eher gering. Trotzdem geistert dieser bemerkenswerte Fisch durch das kollektive Gedächtnis der Städter – was dem Hawaiianer der Tigerhai, ist dem Deutschen der Wels.

Tatsächlich ist der Europäische Wels der größte reine Süßwasserfisch Europas. Da die Tiere während ihres gesamten Lebens wachsen, kann viel (und äußerst unterhaltsam) über ihre maximale Länge und das maximale Gewicht spekuliert werden. Aus der Ukraine etwa gibt es Berichte über fünf Meter lange Exemplare von mehr als dreihundert Kilogramm. Die Höchstdauer eines Welslebens wird auf hundert Jahre geschätzt.

Welse lieben große stehende oder langsam fließende Gewässer, gegenüber Verschmutzung und geringem Sauerstoffgehalt sind sie relativ tolerant. Als Aquakultur- und Sportfisch wurde und wird der Wels an den unterschiedlichsten Orten ausgesetzt. Die Tiere sind vorwiegend nacht- und dämmerungsaktiv und verschlingen nahezu alles an Beute, was in ihr Maul passt: vorwiegend lebende und tote Fische, aber auch Insekten, Amphibien, Krustentiere, Vögel und sogar Säugetiere.

Im Herbst 2001 rückte das niederrheinische Mönchengladbach in den Fokus der internationalen Presse, als Augenzeugen aufgeregt berichteten, ein Wels habe im Volksgarten-Weiher einen jungen Rauhaardackel verschluckt. Findige Medienleute tauften den Übeltäter prompt »Killerwels Kuno«, und Unzählige versuchten, den angeblichen Dackelkiller zur Strecke zu bringen – ohne Erfolg.

Dann jedoch trieb im Sommer 2003 plötzlich ein stattlicher Wels tot an der Wasseroberfläche des Volksgarten-Weihers. Anderthalb Meter maß der Fisch, 35 Kilo brachte er auf die Waage. Das Tier – angeblich war es »Kuno« – wurde fachgerecht für die Nachwelt präpariert und ist seit 2005 im Museum zu bestaunen.

gesichtet am:

90

Die Gemeine Wespe

Garstiger Schrecken aller Leckermäuler

Wissenschaftlich	Häufigkeit	Lieblingsort
Vespula vulgaris		Straßencafés

Sommer in der Großstadt: Müde lässt sich der Mensch in einem Café nieder, bekommt ein leckeres Stück Kuchen serviert und erhält prompt schwarz-gelben Besuch! Unangenehm nah düst das nervige Insekt am Gesicht vorbei, lässt sich dann auf dem Teller nieder und will einfach nicht mehr verschwinden! Wie viel Kuchen passt denn bitte in so einen Wespenmagen? Seit Kindertagen haben wir gelernt, auf Schwarz-Gelb mit Vorsicht zu reagieren.

Die Gemeine Wespe ist von April bis Oktober zu sehen, geht uns aber nur im Hoch- beziehungsweise Spätsommer auf den Wecker. Große Völker bestehen aus bis zu zehntausend Tieren, es wurden auch schon welche mit etwa fünfzigtausend Individuen entdeckt.

Mit ihrem Giftstachel jagt die Wespe andere Insekten, lähmt ihre Beute und verteidigt das Nest. Sie kann mehrfach zustechen, da ihr Stachel – im Gegensatz zu dem der Bienen – keine Widerhaken besitzt. Mit jedem Stich setzt die Wespe Pheromone frei, die Artgenossen dazu motivieren, ebenfalls zuzustechen. Eine unangenehme Kettenreaktion, vor allem für Wespengift-Allergiker.

Clevere Großstädter setzen im Sommer auf Ablenkfütterung. Überreife Weintrauben, fünf bis zehn Meter vom Tisch entfernt, animieren die Wespen dazu, sich dort niederzulassen. Falls es doch mal zu einer unangenehmen Wespenbegegnung kommt, hilft es, eine halbierte Zwiebel auf den Stich zu drücken, die das Gift herauszieht.

Einige Hundert Wespenarten kommen in Deutschland vor, die meisten davon leben solitär, ein Weibchen versorgt also allein seine Brut. Von den acht heimischen sozial lebenden Wespenarten sind lediglich die Deutsche und die Gemeine Wespe von der nervigen Sorte. Alle anderen interessieren sich für Blüten und nicht für Schwarzwälder Kirschtorte, genau wie die beliebten Bienen arbeiten sie als unermüdliche Bestäuber.

gesichtet am:

Die Wespenspinne

Farbenfroher Neubürger in Warntracht

Wissenschaftlich	Häufigkeit	Lieblingsort
Argiope bruennichi	🐇🐇🐇🐇🐇	Trockenrasenflächen

Über 1.200 Spinnenarten sind bei uns heimisch, aber keine mutet so exotisch an wie die Wespenspinne. Dies befand auch ein Mann, der 2010 einen der Achtbeiner im hessischen Gernsheim mit einer Giftspinne verwechselte und Polizei und Feuerwehr alarmierte.

Es sind allerdings nur die Weibchen, die »bella figura« machen, mit bis zu zwei Zentimetern Körperlänge sind sie zudem kaum zu übersehen. Auffällig sind auch ihre gelben, weißen und schwarzen Querstreifen – die namensgebende Ähnlichkeit zur Wespe ist groß. Ihre männlichen Artgenossen in unscheinbarer dunkler Allerweltsfärbung bringen es dagegen nur auf fünf Millimeter.

Entdeckerempfehlung: Die farbenfrohe, wärmeliebende Spinne bevorzugt insbesondere Schotter- und Trockenrasenflächen. Noch vor fünfzig Jahren war die Wespenspinne bei uns sehr selten, mittlerweile breitet sie sich rasant aus, möglicherweise infolge des Klimawandels.

Bemerkenswert sind ihre Radnetze, deren zickzackförmiges Gespinstband in vertikaler Ausrichtung deutlich zu erkennen ist. Die meiste Zeit über sitzt die Spinne kopfüber in ihrem Netz und wartet auf Beute: Heuschrecken, Bienen und Wespen, aber auch andere Insekten – von Fliegen bis Libellen – werden nicht verschmäht.

Während der Paarungszeit, zwischen Juli und August, muss das Männchen höllisch aufpassen, um nicht selbst zur Mahlzeit zu werden. Nach der Paarung versucht Madame Wespenspinne, ihn zu schnappen, er muss schleunigst Fersengeld geben. Dabei bricht ihm oft der Bulbus ab – er dient zur Spermienübertragung und sitzt dann wie ein Pfropfen auf der weiblichen Geschlechtsöffnung.

Auf diese Weise wird Herr Wespenspinne zwar verstümmelt, erhöht aber seine Chancen, Vater zu werden. Der Biss der Wespenspinne ist für Menschen ungefährlich, die kurzen Giftklauen können unsere Haut nur an wenigen dünnen Stellen durchdringen, beispielsweise am Ohrläppchen.

gesichtet am:

Das Wildkaninchen

Teamplayer mit seltsamen Fressgewohnheiten

Wissenschaftlich	Häufigkeit	Lieblingsort
Oryctolagus cuniculus	🐰🐰🐰🐰🐰	Wiesen

Das Wildkaninchen wird gern mit dem Feldhasen verwechselt, unterscheidet sich von diesem jedoch ganz erheblich. So verfügen Kaninchen nur über relativ mickrige Ohren, sind zierlicher und haben kürzere Hinterbeine. Ursprünglich stammen sie von der Iberischen Halbinsel, aus Südfrankreich und Nordafrika.

In deutschen Städten gehören die Mümmelmänner längst zum Inventar. Gesellig hausen sie in unterirdischen Höhlen, deren Gänge bis zu drei Meter tief in die Erde hineinreichen und bis zu 45 Meter lang sind! Wittert ein Kaninchen Gefahr, pfeift es laut und klopft mit den Hinterläufen auf die Erde. Na, wer muss da nicht an Bambi und seine putzigen Freunde denken?

Eine andere Eigenschaft von Klopfers Verwandtschaft wird aus verständlichen Gründen nicht von Disney thematisiert: Kaninchen fressen ihre Fäkalien kurz nach dem Ausscheiden auf – verputzt wird allerdings nur der, primär nachts gebildete und morgens ausgeschiedene, weiche Kot. Auf diesem Wege werden die enthaltene Bakterienbiomasse sowie die – bei der Fermentation entstehenden – Vitamine, Aminosäuren und Proteine aufgenommen. Dem tagsüber entstehenden Kot dagegen wird die Feuchtigkeit entzogen, er ist in Form von harten Kügelchen überall zu finden.

Obwohl Wildkaninchen sehr kinderreich sind, machen die Myxomatose und die Chinaseuche ihnen zu schaffen. In deutschen Städten sind die Tiere dafür berüchtigt, Parks und Gärten zu verwüsten. Ein Maschendrahtzaun schafft Abhilfe, sollte aber einen halben Meter im Boden versenkt sein. Sanfter wirken da Streugranulate auf Basis ätherischer Öle.

Die domestizierte Form des Wildkaninchens ist unter dem Namen Hauskaninchen ein gern gesehener Bewohner deutscher Haushalte. Im Juni 2011 sorgte ein Herr im Berliner Stadtteil Lichtenberg für Schlagzeilen: Tierschützer fanden heraus, dass er 122 Kaninchen auf seinem Hochhausbalkon hielt.

gesichtet am:

Das Wildschwein

Muskelbepackter Anpassungskünstler

Wissenschaftlich	Häufigkeit	Lieblingsort
Sus scrofa	🐗🐗🐗🐗🐗	Wäldchen

Mit seinen bis zu zweihundert Kilogramm Masse ist das Wildschwein eine imposante Erscheinung. Die ältesten bekannten Fossilienfunde stammen aus dem späten Miozän, seit etwa sechs Millionen Jahren bewohnt das Borstenvieh schon Europa.

Für unsere Vorfahren war es eine wichtige Nahrungsquelle, Archäologen schätzen, dass Wildschweine damals in Mitteleuropa bis zu fünfzig Prozent der Jagdbeute ausmachten. Die stattlichen, mit mächtigen Hauern (Eckzähnen) bewehrten Keiler zu jagen, erforderte Mut. Nicht selten bezahlten die menschlichen Jäger mit dem Leben. Mit der Erfindung der Feuerwaffen wurde das Bejagen erheblich einfacher, Mitte des 20. Jahrhunderts war das Wildschwein in Teilen Mitteleuropas ausgestorben. Aufgrund ihrer erstaunlichen Anpassungsfähigkeit haben die Tiere in unseren müllreichen Städten ein erstaunliches Comeback hingelegt.

Die Futtersuche erfolgt meistens nachts, tagsüber wird geruht. Als Allesfresser sind die Tiere wenig wählerisch, mit ihren langen Rüsseln durchpflügen sie den Boden nach Leckerbissen jeder Art. Ihr exzellenter Geruchssinn hilft dabei ungemein, weshalb die Schweine auch als Drogen- und Trüffelschnüffler eingesetzt werden.

Circa zehntausend Wildschweine leben mittlerweile allein rund um Berlin. Unter den cleveren Tieren hat sich längst rumgesprochen, dass sie Jäger wenig fürchten müssen – folglich sind sie sogar tagaktiv. Städter sollten sich tunlichst von den kraftstrotzenden Tieren fernhalten: Immer wieder kommt es vor, dass – meist angeschossene – Wildschweine Menschen töten.

Wenn die City-Schweine Menschen gefährden, folgt gnadenlos der Abschuss. Einige Bürger protestieren dann lautstark, andere fordern einen härteren Kurs gegen die Eindringlinge. Würde kein Städter mehr die Tiere anfüttern, wären die Borstentiere scheuer, es gäbe weniger von ihnen, und der Jäger müsste folglich viel seltener seines Amtes walten.

gesichtet am:

94

Die Große Winkelspinne
Hoher Ekelfaktor garantiert

Wissenschaftlich	Häufigkeit	Lieblingsort
Eratigena atrica	🐰🐰🐰🐰🐰	Hausritzen

Jeder ist ihr höchstwahrscheinlich schon einmal begegnet, für viele ist sie der Inbegriff von Horror. Die Große Winkelspinne ist dunkel, behaart und riesig. Dank einer Beinspannweite von bis zu zehn Zentimetern wird sie mitunter gar für eine Vogelspinne gehalten.

Eigentlich ist die Winkelspinne eine Höhlenbewohnerin. Da wir Menschen durch den Bau von Wohnungen, Kellern und Schuppen millionenfach künstliche Höhlen errichtet haben, gedeiht ihr städtischer Bestand prächtig. Tagsüber ist sie wenig rege und hockt in ihrer trichterförmigen Wohnröhre, die sie in Ecken oder Winkeln anlegt.

Weibchen verlassen die Nester nur, wenn nicht genug Insekten ins Netz gehen und sie sich nach einer neuen Bleibe umsehen müssen. Männchen spazieren im Spätsommer und Frühherbst umher, um paarungswillige Damen aufzuspüren. Städter treffen die stattlichen Geschöpfe meist zu später Stunde an. Da sich die Winkelspinne erstaunlich flink (bis zu fünfzig Zentimeter pro Sekunde) bewegt, scheint sie wie ein Geist aus dem Nichts aufzutauchen.

Begegnungen am helllichten Tage finden meist im Badezimmer statt. Der Winkelspinne fehlen Hafthaare an den Beinen, weshalb sie nicht an glatten Oberflächen emporklettern kann und sich häufig in Waschbecken oder Badewannen fängt. Um die Spinne aus ihrer misslichen Lage zu befreien, stülpt man einfach ein Glas über sie, schiebt ein Papier darunter und bringt sie nach draußen.

Den Staubsauger sollte man nicht einsetzen, denn dies bedeutet einen qualvollen Tod für den nützlichen Insektenfresser. Außerdem kann die Spinne, falls sie das Einsaugen überlebt, auch wieder nach draußen krabbeln. Spannenderweise ist die eher zierliche Große Zitterspinne neben dem Menschen die stärkste Bedrohung für die Winkelspinne. Dank ihrer ausgebufften Fangtechnik überwältigt der zarte Achtbeiner selbst die dickste Winkelspinne – David schlägt Goliath!

gesichtet am:

95

Die Zauneidechse

Mini-Dino mit ausgefeiltem Fluchtmanöver

Wissenschaftlich	Häufigkeit	Lieblingsort
Lacerta agilis	🐰🐰🐰🐰🐰	Brachen

Fünf Eidechsenarten kommen bei uns vor, am häufigsten ist die gedrungene Zauneidechse mit ihrem kurzen, stumpfschnäuzigen Kopf. Auffällig ist ihre Rückenzeichnung: das Autobahndesign mit zwei hellen Bahnen und dazwischen einem dunklen Mittelstreifen.

Im März oder April erwachen die standorttreuen Tiere aus ihrer Winterstarre, an frostgeschützten Stellen wie Erdspalten überdauern sie die kalte Jahreszeit. Bevorzugt besiedeln Zauneidechsen Magerbiotope, in Städten findet man sie etwa an Bahndämmen, auf Industriebrachen oder in sonnigen Naturgärten.

Als Reptilien sind Zauneidechsen wechselwarm, ihre Körpertemperatur entspricht der Umgebungstemperatur. Somit hängt ihre Aktivität sehr vom Wetter ab. Der Tag einer Zauneidechse beginnt mit dem Aufheizen, der Körper muss quasi auf Betriebstemperatur gebracht werden. Ist man in den Morgenstunden unterwegs, können die kleinen Saurier oft auf Totholz entdeckt werden, Tau und Regen trocknen dort nämlich besonders zügig ab. Die dicke Hornhaut der Zauneidechse besteht aus Schuppen, die dachziegelartig angeordnet sind. Sie schützt vor Verdunstung und ermöglicht das Leben auch in trockener und warmer Umgebung.

Ist das Kriechtier ausreichend erwärmt, kann es schneller und beweglicher nach Nahrung jagen. Vor allem Insekten werden verspeist, ebenso Spinnen und Regenwürmer – Heuschrecken zählen zu den Lieblingssnacks. Vor dem Genuss werden die Beutetiere kräftig geschüttelt, bis sie benommen sind.

Andersherum müssen Zauneidechsen selbst viele Feinde fürchten, etwa Greifvögel, Marder, Wiesel und Igel. Darum haben sie ein besonderes Fluchtmanöver entwickelt: Sie können einen Teil ihres Schwanzes aktiv abwerfen! Das einsame Schwanzende zappelt dann wild umher und zieht alle Aufmerksamkeit auf sich.

Der Schwanz wächst später wieder nach, erreicht aber nie mehr die volle Länge.

gesichtet am:

96

Die Zebraspringspinne

Hochseilartist mit Hydraulikunterstützung

Wissenschaftlich	Häufigkeit	Lieblingsort
Salticus scenicus		**warme Hauswände**

Knapp sechstausend Arten zählen zur Gattung der Springspinnen, die Zebraspringspinne ist eine ihrer attraktivsten Vertreterinnen. Mit dem Zebra teilt dieser Achtbeiner die schwarz-weißen Streifen, seine Körperlänge beträgt nur maximal sieben Millimeter.

Das gedrungen wirkende Tier kommt auch in Städten häufig vor, tagsüber kann man es an sonnigen und windstillen Plätzen bestaunen, besonders an warmen Hauswänden, Steinen und Pfählen.

Springspinnen bauen keine Netze, trotzdem spinnen sie Fäden. Wenn sie auf die Jagd gehen, befestigen sie einen Spinnfaden am Boden, pirschen sich vorsichtig nah an ihr argloses Opfer heran und springen dann urplötzlich los! Der Spinnfaden fungiert als Sicherheitsleine, die Beute wird mit den giftigen Klauen und den Beinen umschlossen. Insekten wie Fliegen, Käfer und Stechmücken stillen den Hunger des kleinen Hochseilartisten.

Um diese unglaubliche Sprungperformance überhaupt leisten zu können, setzt die Springspinne auf eine perfekt abgestimmte Hydraulik. Die Beine strecken und beugen sich exakt so weit, dass die Spinne die Beute präzise erreicht. Sollte so ein Sprungmanöver doch mal in die Hose gehen, dann rettet der Sicherheitsfaden die Situation. Der Springkünstler stürzt so niemals ab.

Ein weiteres einzigartiges Merkmal dieser Spinne ist ihr räumliches Sehvermögen. Auf den ersten Blick sieht man vorne zwei große Augen, durch welche die Springspinne ein wenig wie eine coole Comicfigur mit schwarzer Sonnenbrille wirkt. Diese beiden Augen ermöglichen es der Spinne, farbig und dreidimensional zu sehen. Sechs weitere Augen sorgen dafür, dass die Spinne sogar nach hinten schauen kann.

2009 entdeckten Forscher eine Springspinnenart, die fast ausschließlich vegetarisch lebt. *Bagheera kiplingi* kommt in Mittelamerika vor und hat eine große Passion für den Nektar bestimmter Akazien.

gesichtet am:

97

Der Zitronenfalter

Gelbes Winterwunder mit integriertem Frostschutz

Wissenschaftlich	Häufigkeit	Lieblingsort
Gonepteryx rhamni		Parks

Nur die Flügel männlicher Zitronenfalter leuchten in intensivem Gelb, die grünlichweißen Weibchen könnten auf den ersten Blick leicht mit dem Großen Kohlweißling verwechselt werden. Naturprofis erkennen die Zitronenfalter an den zugespitzten Flügelenden und dem kleinen blassorangen Augenfleck. Städter treffen den Zitronenfalter in Wäldchen, Parks oder Grünanlagen. Entdeckerempfehlung: Der Falter hat eine besondere Passion für den Faulbaum und den Kreuzdorn, außerdem schätzt er rotviolette Blüten wie Sommerflieder oder Blutweiderich.

Theoretisch kann man das Insekt an jedem Tag im Jahr sehen. Der Zitronenfalter verlebt nämlich den ganzen Winter ungeschützt im Freien! Er verbringt die kalte Jahreszeit etwa in Baumspalten, im Efeudickicht oder an der Unterseite von Brombeerblättern.

Den Winter überlebt das zartgliedrige Wesen durch das körpereigene Frostschutzmittel Glyzerin. Es senkt den Gefrierpunkt der Körperflüssigkeit, um zu verhindern, dass sich bei Minusgraden Eiskristalle in den Zellen bilden. Kurzfristig kann der Schmetterling so Temperaturen von bis zu minus zwanzig Grad überstehen, selbst Schnee ist kein Problem für dieses Wundertier. Während der Winterstarre wird man den Zitronenfalter kaum entdecken, denn seine Farbe erinnert dann eher an ein herbstliches Blatt.

Auch seine Lebensdauer ist für einen Schmetterling mit etwa zehn Monaten ungewöhnlich lang. Manchmal wird das Insekt an warmen Wintertagen kurzfristig aktiv, normalerweise beginnt seine Saison aber im März. Da der Zitronenfalter so früh dran ist, muss er kaum Konkurrenz bei der Nahrungssuche fürchten, vor allem Weidenkätzchen stehen bei ihm ganz hoch im Kurs. Trifft ein – vom langen Winter ausgelaugter – Stadtmensch den gelben Unermüdlichen, wie er scheinbar unbeschwert durch die kühlen Lüfte gaukelt, dann ist das Frühlingsanfang in seiner schönsten Form.

gesichtet am:

98

Die Große Zitterspinne

Helikopter-Mutter mit Hang zum Chaos

Wissenschaftlich	Häufigkeit	Lieblingsort
Pholcus phalangioides	🐇🐇🐇🐇🐇	Keller

Die Große Zitterspinne bewohnt fast jeden Haushalt. Aufgrund ihrer Zierlichkeit provoziert sie aber weniger Ängste als andere Spinnenarten.

Den Namen verdanken die Tiere ihrer Abwehrstrategie: Hat die Spinne Angst, versetzt sie ihr Netz in Schwingungen, sodass ihr zartgliedriger Körper vor den Augen eventueller Feinde verschwimmt. Vor hellen Hintergründen, etwa weißen Tapeten, funktioniert der Trick allerdings nicht so richtig.

Unsere trockenen und warmen Behausungen machen der Großen Zitterspinne – im Gegensatz zu vielen anderen Spinnenarten – wenig aus. Spannend: Je mehr Kontakt die Zitterspinne mit Menschen hat, desto weniger zittert sie in ihrem Netz!

Kleinere Geschöpfe wie Fliegen, Bienen, Mücken oder Kellerasseln bilden die Nahrung dieses Tiers. Das lockere, unregelmäßige Netz der Spinne wirkt auf den ersten Blick ziemlich chaotisch. Das Erfolgsgeheimnis liegt in den sogenannten Schraubfäden, die für Elastizität sorgen und wie Fußangeln funktionieren. Sitzt das Opfer fest, flitzt die Zitterspinne herbei und spinnt es ein.

Nach Erreichen der Geschlechtsreife können Herr und Frau Zitterspinne kinderleicht auseinandergehalten werden. Ersterer besitzt an den Tastern wuchtige Geschlechtsorgane, die ein wenig an Boxhandschuhe erinnern. Den Weibchen fehlt dieses Extra, sie spazieren dafür kurz vor der Eiablage mit einem dicken Hinterleib umher.

Madame Zitterspinne ist übrigens eine fürsorgliche Mutter: Nach dem Legen der Eier – durchschnittlich sind es zwanzig – werden diese in einen dünnen Kokon eingesponnen und in den Fängen umhergetragen, bis die Jungen schlüpfen. Wer die Zitterspinnen nun lieb gewonnen hat, darf sich freuen. Laut eines Spinnenforschers am Senckenberg Forschungsinstitut hat sich mit *Holocnemus pluchei* mittlerweile eine neue Zitterspinnenart aus dem Mittelmeerraum in deutschen Innenstädten etabliert.

gesichtet am:

Die Zwergfledermaus

Geselliger Stadtfan mit Horror-Image

Wissenschaftlich	Häufigkeit	Lieblingsort
Pipistrellus pipistrellus	🐾🐾🐾🐾🐾	Parks

Seit über fünfzig Millionen Jahren bewohnen Fledermäuse unsere schöne Erde. Als einzige Vertreter der Säugetiere beherrschen sie den aktiven Flug, zwischen Händen und Hinterbeinen spannt sich eine dünne Flughaut. Über 1.200 Fledermausarten wurden weltweit entdeckt, 25 davon leben in Deutschland.

Die Zwergfledermaus ist ein häufiger Vertreter unserer heimischen Flattermänner, in Städten fühlt sie sich besonders wohl. Ihre geringe Größe – die maximale Körperlänge beträgt nur gut fünf Zentimeter – macht die Sichtung nicht gerade einfach.

Zwergfledermäuse fressen vor allem Insekten, die Jagd erfolgt über ihr Gehör und die Echoortung. Im Gegensatz zu anderen Arten ist der Winzling nicht lichtscheu, unsere Straßenbeleuchtung kann ihn nicht schocken. Daher ist die Zwergfledermaus häufig in menschlichen Siedlungen anzutreffen. Und auch in grünen Innenhöfen, Parks, Gärten oder an Gewässern kommt man ihr auf die Spur.

Den Tag verschläft das Tierchen vorzugsweise – immer kopfüber hängend und oftmals ganz in der Nähe menschlicher Behausungen – hinter Fensterläden, Eternitverkleidungen, Schildern oder Dachkästen.

Die Winterquartiere liegen bis zu fünfzig Kilometer von den Sommerresidenzen entfernt, trockene Höhlen, Felsspalten, Tunnel und Gebäude kommen hierfür infrage. Beim Überwintern sind die Fledermäuse gesellig: Ausgerechnet in den Karpaten, der Heimat von Graf Dracula, entdeckten Wissenschaftler wahre Massenunterkünfte, in denen mehrere Zehntausend Tiere zusammenkamen.

Im Mai 2010 rief im bayerischen Otterfing nachts ein völlig verängstigter Mann bei der Polizei an. Der 23-Jährige berichtete von einem aggressiven fledermausartigen Ungeheuer in seinem Wohnzimmer. Was die Beamten dann tatsächlich antrafen, war eine verschüchterte Zwergfledermaus. Ob der Mann vor seiner Begegnung einen Vampirfilm genossen hat, bleibt reine Spekulation.

gesichtet am:

Schützenswerte Wunderwerke der Evolution

»Jeder dumme Junge kann einen Käfer zertreten. Aber alle Professoren der Welt können keinen herstellen.«

Dieses Zitat von Arthur Schopenhauer kommt mir bei meinen Streifzügen durch die Natur immer wieder in den Sinn. Auch wenn die Natur jeden von uns seit seiner Geburt umgibt, neigen wir Menschen gern dazu, sie als selbstverständlich und unveränderlich hinzunehmen.

In Wirklichkeit aber sind wir – auch in der Stadt – tagtäglich von hochkomplexen Wunderwerken umgeben, die das prachtvolle Ergebnis von Jahrmillionen Evolution sind. Unermessliche Zeiträume haben nicht nur Libellen, Spinnen und Wildschweine, sondern auch uns Menschen geformt – sie verbinden uns als unsichtbares Band mit der uns umgebenden Natur. Leider ist diese vielen Menschen fremd geworden, im lauten Alltag wird sie von unzähligen anderen Reizen überlagert.

Je mehr man die Tiere beobachtet und je mehr man über sie weiß, desto ehrfürchtiger betrachtet man sie. Die Tiere der Erde zu erhalten und zu schützen ist eine der wichtigsten Aufgaben unseres Jahrhunderts. Da man nur bewahren kann, was man auch kennt, wäre es mir eine Freude, wenn mein Büchlein zu vielen einzigartigen Begegnungen zwischen Mensch und Tier anregen würde. Wer sich einmal auf das Abenteuer Stadtnatur eingelassen hat, der kommt nie mehr davon los!

Bildnachweis

Impressum

Nicolas Bogislav von Lettow-Vorbeck
Stadtwild
Von Amsel bis Zauneidechse. 99 Tiere, die man in der Stadt entdecken kann
ISBN: 978-3-95910-160-8

Eden Books
Ein Verlag der Edel Germany GmbH
Copyright © 2018 Edel Germany GmbH, Neumühlen 17, 22763 Hamburg
www.edenbooks.de | www.facebook.com/EdenBooksBerlin | www.edel.com
1. Auflage 2018

Die Ratschläge in diesem Buch wurden von Autor und Verlag sorgfältig geprüft, dennoch kann eine Garantie nicht übernommen werden. Eine Haftung des Autors bzw. des Verlags und seiner Beauftragten für Personen-, Sach- oder Vermögensschäden ist ausgeschlossen.

Projektkoordination: Kathrin Riechers
Lektorat: Rotkel Textwerkstatt
Umschlaggestaltung: Rosanna Motz
Umschlagfoto: © Nico Klein-Allermann
Design/Layout: schaefermueller publishing GmbH / Nina Küchler
Bildbearbeitung: Frischegrafik, Hamburg
Satz: Datagrafix GmbH, Berlin| www.datagrafix.com
Druck und Bindung: optimal media GmbH, Glienholzweg 7, 17207 Röbel/Müritz

Printed in Germany

Dieses Buch ist auch als E-Book erhältlich.

Um die kulturelle Vielfalt zu erhalten, gibt es in Deutschland und in Österreich die gesetzliche Buchpreisbindung. Für Sie, liebe Leserin und lieber Leser, bedeutet das, dass Ihr verlagsneues Buch jeweils überall dasselbe kostet, egal, ob Sie Ihre Bücher gern im Internet, in einer großen Buchhandlung oder beim kleinen Buchhändler um die Ecke kaufen.